ÉLÉMENTS DE GÉOMÉTRIE

OUVRAGES DE M. GRÉVY

Arithmétique élémentaire : cl. de 6ᵉ et 5ᵉ . . . . 12 fr. 25
Arithmétique : cl. de 5ᵉ et 4ᵉ. . . . . 9 fr. »
Éléments d'Arithmétique : cl. de 4ᵉ et 3ᵉ A. . . . 8 fr. »
Arithmétique et Algèbre : cl. de 4ᵉ et 3ᵉ (1925). . 13 fr. 75
* *Traité d'Arithmétique* : cl. de Math. A et B.. . 10 fr. 25

Éléments d'Algèbre : cl. de 3ᵉ A, 2ᵉ et 1ʳᵉ A et B. 9 fr. »
Algèbre : cl. de 3ᵉ B, 2ᵉ et 1ʳᵉ C et D. . . . 12 fr. »
* *Traité d'Algèbre* : cl. de Math. A et B.. . . 22 fr. 50

Géométrie : cl. de 5ᵉ B à 3ᵉ B (progr. de 1902). . 13 fr. 75
Géométrie théorique et pratique. . . . . . . 12 fr. 25
Géométrie élémentaire : cl. de 5ᵉ à 3ᵉ B. . . . . 12 fr. »
Éléments de Géométrie :
   Tome I : 1ᵉʳ Cycle A (cl. de 4ᵉ et 3ᵉ A). . . . 9 fr. »
   Tome II : 2ᵉ Cycle A et B (cl. de 2ᵉ et 1ʳᵉ A et B). 6 fr. 50
Géométrie plane : cl. de 4ᵉ et 3ᵉ (1925). . . . 10 fr. »
* *Géométrie plane* : cl. de 2ᵉ C et D. . . . . 12 fr. 25
* *Géométrie dans l'espace* : cl. de 1ʳᵉ C et D. . . 10 fr. 25
* *Compléments de Géométrie* : cl. de Math. A et B. 10 fr. 25
Leçons de Géométrie à l'usage de l'enseignement
   secondaire des jeunes filles. Cl. de 4ᵉ et 5ᵉ
   années. . . . . 4 fr. »

Trigonométrie : cl. de 1ʳᵉ C et D et Math. A et B. 10 fr. »

Les livres marqués d'un astérisque sont brochés et du format
22 × 14ᶜᵐ ; les autres sont cartonnés toile et du format 18 × 12ᶜᵐ.

Pour les livres de M. Grévy correspondant aux anciens programmes
et qui ne sont pas réimprimés tous les ans, consulter le Catalogue.

ÉLÉMENTS

DE

GÉOMÉTRIE

à l'usage des élèves du 2ᵉ Cycle A et B

(CLASSES de SECONDE et PREMIÈRE A et B)

PAR

A. GRÉVY

Professeur au Lycée Saint-Louis.

DIXIÈME ÉDITION

PARIS

LIBRAIRIE VUIBERT

BOULEVARD SAINT-GERMAIN, 63

1926

GÉOMÉTRIE DANS L'ESPACE

(Programme de Seconde A et B)

PREMIÈRE PARTIE

DROITES ET PLANS

CHAPITRE I

LE PLAN ET LA DROITE

214. Détermination du plan. — Si l'on considère un plan et une droite située dans ce plan, on peut imaginer qu'il tourne autour de cette droite de façon à embrasser tout l'espace ; sa position sera déterminée si on le fixe quand il passe par un point donné ; c'est ce que l'on exprime en disant *qu'une droite et un point non situé sur cette droite déterminent un plan*.

La droite étant elle-même connue, si on en donne deux points, *un plan sera encore déterminé par trois points* ; deux d'entre eux fixeront la droite autour de laquelle nous avons fait tourner le plan.

Si deux droites se coupent, on peut prendre sur l'une d'elles un point A qui, avec la première, détermine un plan et ce plan contient non seulement la première droite, mais aussi la seconde, qui a deux points contenus dans ce plan : le point commun aux deux droites et le point A ; *un plan est ainsi déterminé par deux droites concourantes.*

Enfin, si deux droites sont parallèles, elles sont dans un même plan, qui contient l'une d'elles et un point quelconque de l'autre ; *il est donc défini par les deux droites parallèles.*

215. Génération du plan. — Si l'on considère dans un plan une droite D et un point A non situé sur la droite, on peut imaginer que l'on fasse tourner autour du point A une droite assujettie à rencontrer la première ; cette droite variable est tout entière dans le plan, puisqu'elle y a deux points : A et le point où elle rencontre D ; elle passera successivement par tous les points du plan ; on peut donc dire que le plan est engendré par le mouvement de cette droite. On voit également que le plan peut être engendré par le mouvement d'une droite assujettie à rencontrer une droite donnée et à rester parallèle à une autre droite du plan ; la droite mobile est ainsi animée d'un mouvement de translation.

216. Intersection de deux plans. Théorème.—*L'intersection de deux plans qui ont un point commun est une ligne droite.*

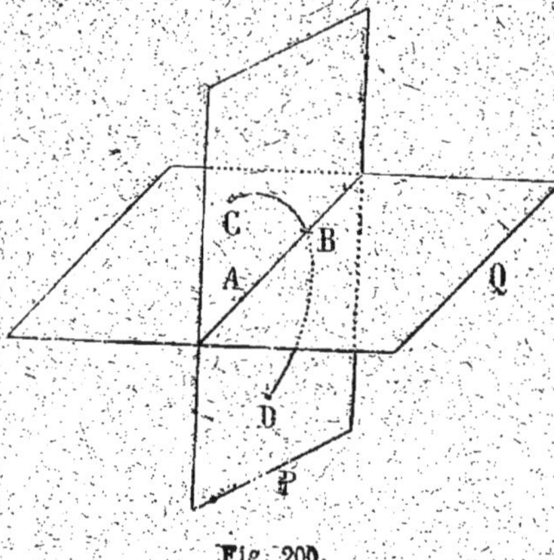

Fig. 200.

Supposons que deux plans (*) P et Q aient un point

(*) On figure en général un plan en dessinant un parallélogramme qui représente une partie limitée du plan (fig. 200).

commun A (*fig.* 200) ; le plan Q partage l'espace en deux
régions et on ne peut passer de l'une à l'autre sans le tra-
verser. Si donc on prend un point C dans le plan P au-
dessus de Q et un point D dans le plan P au-dessous de Q
et que l'on réunisse ces points par une ligne tracée dans P,
cette ligne rencontrera certainement le plan Q en un certain
point B, qui appartiendra à la fois à P et Q. La droite AB, qui
a deux points dans P et Q, est tout entière dans ces deux
plans; c'est leur intersection, car aucun autre point ne peut
leur être commun, sans quoi les plans seraient confondus.

On appelle *demi-plan* la portion de plan indéfinie limitée à une droite AB de ce plan.

217. Positions relatives de deux droites. — Deux droites
peuvent être situées dans un même plan : elles sont alors
concourantes ou parallèles. Un troisième cas peut se pré-
senter, celui de deux droites qui, sans être parallèles, n'ont
aucun point commun. Pour nous en rendre compte, traçons

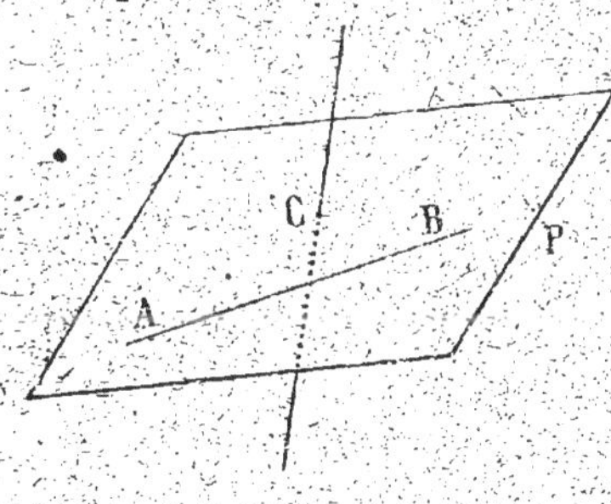

une droite AB dans
un plan P et par un
point C du plan non
situé sur AB, menons
une droite qui ne soit
pas dans le plan (*fig.*
201). Le seul point
commun au plan et
à la droite est C; il
n'appartient pas à AB

Fig. 201.

et, d'autre part, tous les points de AB sont dans P ; AB ne
rencontre donc pas la droite considérée tout en ne lui étant
pas parallèle.

Il en résulte que pour établir le parallélisme de deux droites, il ne suffira pas de montrer qu'elles ne se coupent pas, mais aussi qu'elles sont dans un même plan.

Droites parallèles

218. Théorème. — *Par un point, on peut mener une seule parallèle à une droite.*

Soit A le point et D la droite qui ne contient pas A

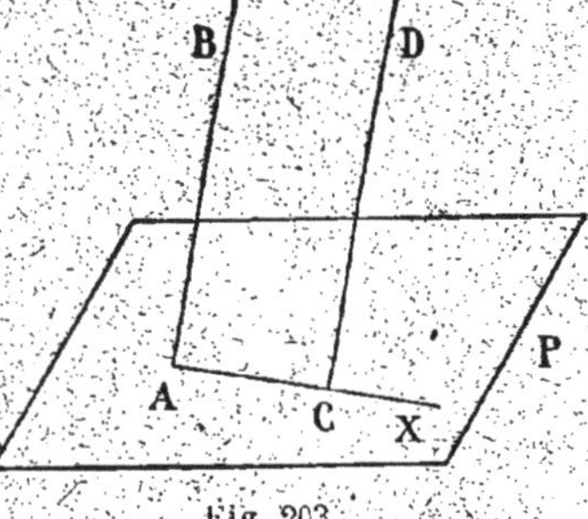

Fig. 202.

(*fig.* 202) ; la parallèle menée par A, si elle existe, doit être dans le plan unique déterminé par A et D et, dans ce plan, on peut mener de A une parallèle unique à D, ce qui établit le théorème.

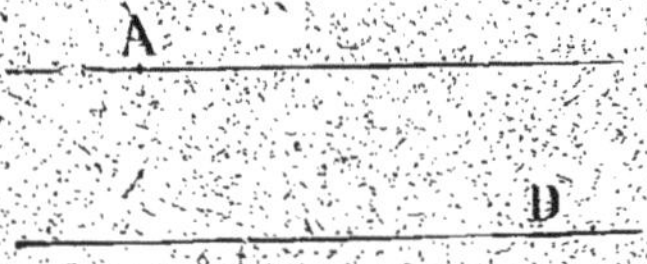

219. Théorème. — *Si deux droites sont parallèles, tout plan qui a un seul point commun avec l'une a également un seul point commun avec l'autre.*

Soient AB et CD deux parallèles et P un plan qui coupe la première en A (*fig.* 203). Les droites AB et CD, étant parallèles, sont contenues dans un plan Q qui coupe P suivant une droite AX issue de A ; dans ce plan, CD, parallèle à AB, coupe AX, sans quoi CD serait parallèle à AX et du point A, on pourrait mener deux droites

Fig. 203.

AB, AX parallèles à CD, ce qui est impossible. Il en résulte que CD coupe le plan P en un point C situé sur AX et ne le coupe qu'en ce point, puisqu'elle n'est pas confondue avec AX.

220. Théorème. — *Deux droites parallèles à une troisième sont parallèles entre elles.*

Soient AB et CD deux parallèles à EF : 1° ces deux droites ne se coupent pas, sans quoi, de leur point commun, on pourrait mener deux parallèles à EF ; 2° elles sont dans un même plan ; s'il n'en était pas ainsi, le plan mené par AB et le point C couperait CD au seul point C ; il couperait donc EF, parallèle à CD, en un point unique E ; mais, ce plan, déterminé ainsi par AB et E, contient la parallèle EF à AB menée par E ; il ne peut donc pas couper EF au seul point E. On ne peut donc pas admettre que AB et CD ne soient pas dans un même plan.

221. Théorème. — *Deux angles dont les côtés sont parallèles et de même sens sont égaux.*

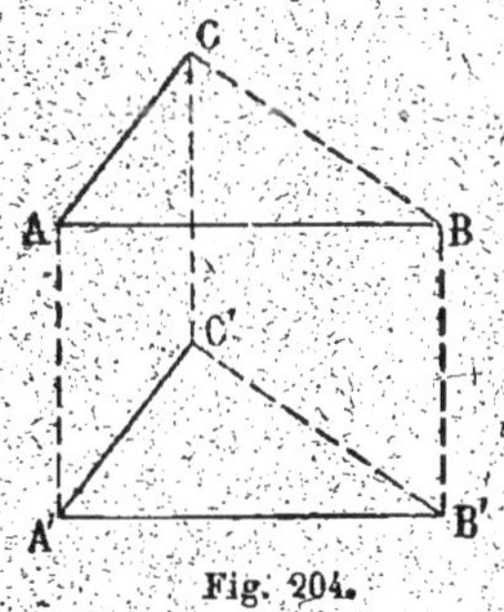
Fig. 204.

Soient BAC, B'A'C' deux angles dont les côtés sont parallèles et de mêmes sens (*fig.* 204) ; prenons sur les côtés

$$AC = A'C', \qquad AB = A'B'.$$

Les droites AC, A'C', parallèles, de même sens et égales sont les côtés opposés d'un parallélogramme ACC'A' ; CC' et AA' sont donc parallèles et égales ; il en est de même de BB' et

AA′ ; les deux droites BB′, CC′, parallèles et égales à AA′, sont parallèles et égales entre elles ; elles ont même sens et la figure BCC′B′ est un parallélogramme.

Les droites BC, B′C′, côtés opposés d'un parallélogramme, sont égales et les deux triangles ABC, A′B′C′ sont égaux, ayant leurs trois côtés égaux chacun à chacun.

Remarque. — Si les côtés n'ont pas même sens, les angles peuvent être égaux ou supplémentaires.

222. Angle de deux demi-droites. — La définition donnée en géométrie plane pour l'angle de deux demi-droites peut être appliquée ici ; ce sera l'angle MNP formé par des parallèles NM, NP (*fig.* 205) menées aux demi-droites données OA, O′A′ ; cet angle est indépendant du point N.

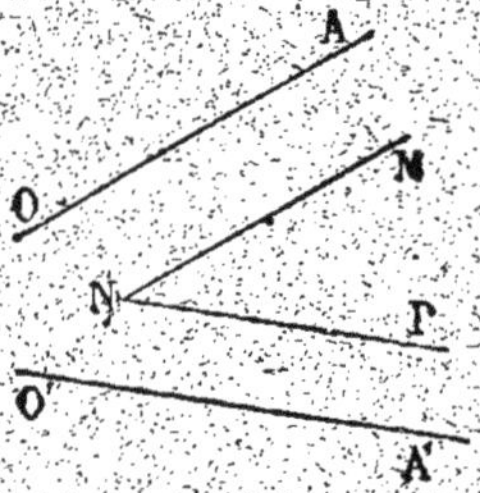

En particulier, nous appellerons demi-droites perpendiculaires deux demi-droites dont l'angle est droit. Il est manifeste que leurs prolongements forment aussi un angle droit, de sorte que les quatre angles de droites indéfinies sont droits, si l'un d'eux l'est ; nous dirons que ces droites sont *perpendiculaires*.

Fig. 205.

Plans parallèles.

223. Considérons un plan P (*fig.* 206) et traçons dans ce plan deux droites OA, OB ; si, par un point O′ situé hors du plan, on mène des parallèles O′A′, O′B′ à OA,

OB, on détermine un plan P' ; nous dirons que ce plan est *parallèle* au premier.

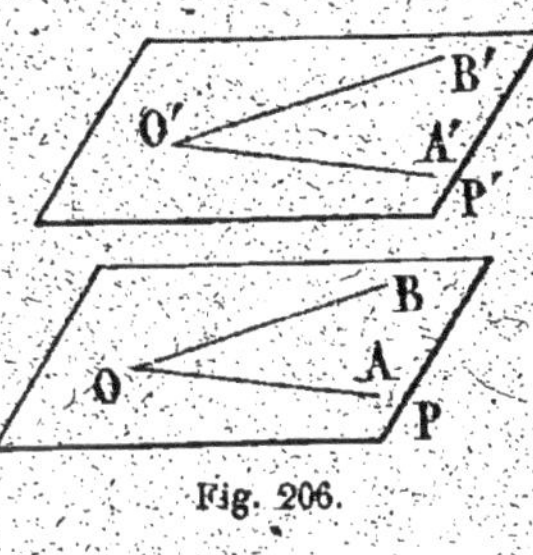

Fig. 206.

224. Théorème. — *Deux plans parallèles ne se coupent pas.* — Supposons que les deux plans P et P' se coupent ; ils auraient une droite commune D (216) ; cette droite du plan P ne serait pas parallèle à la fois à OA et OB, elle couperait, par exemple, OA en un point M ; mais, D étant dans P', le point M serait un point commun à OA et à P', il serait donc dans P' et dans le plan OAO'A' ; comme ce plan coupe P' suivant O'A', M' serait sur O'A', ce qui est impossible puisque les droites OA et O'A' sont parallèles.

225. Réciproque. — *Si deux plans ne se coupent pas, ils sont parallèles.*

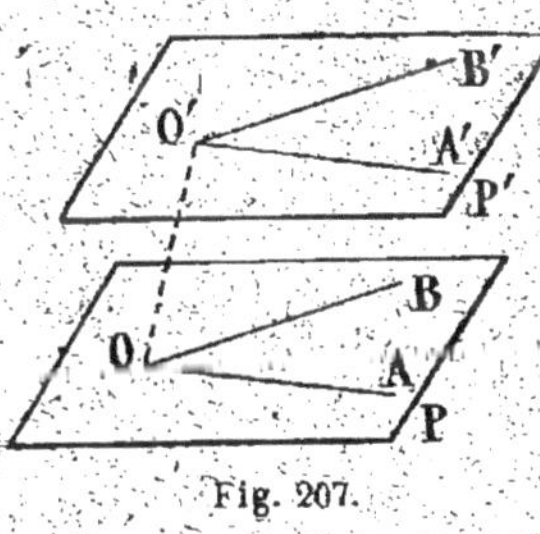

Fig. 207.

Soient P et P' deux plans qui ne se coupent pas ; prenons dans ces plans deux points O et O' et menons par OO' deux plans qui coupent P suivant OA, OB ; P' suivant O'A', O'B' (*fig.* 207). OA et O'A' sont dans un même plan ; elles ne se rencontrent pas, car si elles avaient un point commun, ce point serait à la fois dans P et P' ce qui est impossible, d'après l'hypothèse ; de même OB et O'B' sont dans un même plan et ne se rencontrent pas ; par suite P′ est défini par O′A′ parallèle à OA et O′B′ parallèle à OB ; P′ est donc parallèle à P.

Remarque. — Ces théorèmes montrent que l'on peut définir deux plans parallèles en disant qu'ils ne se coupent pas.

226. Théorème. — *Les intersections de deux plans parallèles par un troisième sont parallèles.*

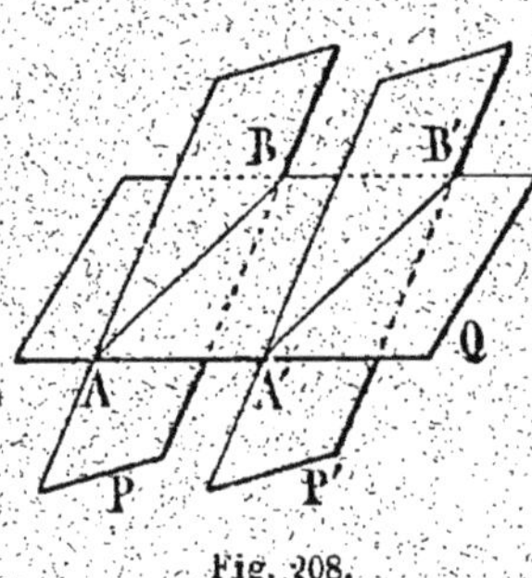

Fig. 208.

Soient AB et A′B′ les intersections des plans parallèles P et P′ par le plan Q (*fig.* 208) ; ces droites sont dans un même plan Q ; de plus, elles ne se rencontrent pas, car si elles avaient un point commun, ce point serait à la fois dans P et P′, contrairement à l'hypothèse. Elles sont donc parallèles.

227. Théorème. — *Par un point extérieur à un plan on peut mener un plan parallèle à celui-là et on n'en peut mener qu'un.*

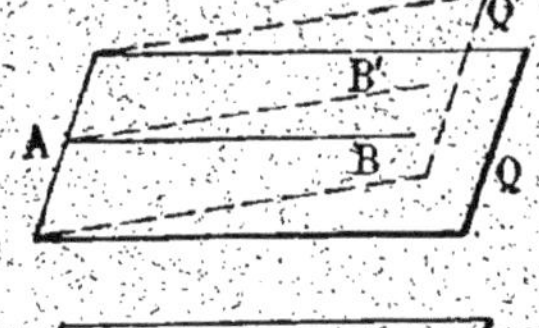

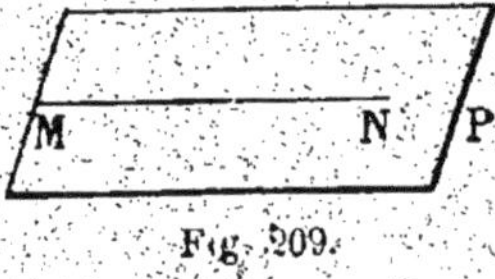

Fig. 209.

1° L'existence d'un tel plan a été établie (223).

2° Supposons que par un point A on puisse mener deux plans Q et Q′ parallèles au plan P (*fig.* 209). Menons un plan R passant par A et par une droite MN du plan P ; il coupera les plans Q et Q′ suivant les droites AB,

AB′ parallèles à MN (226) ; ces deux droites doivent donc coïncider et les plans QQ′, contenant toutes les parallèles menées de A aux droites du plan P, coïncident.

228. **Théorème.** — *Deux plans parallèles à un troisième sont parallèles.*

Soient P et P′ deux plans parallèles à un plan Q ; si ces plans n'étaient pas parallèles, ils auraient un point commun par lequel on pourrait mener deux plans (P et P′) parallèles au plan Q, ce qui est impossible ; il en résulte que P et P′ sont parallèles.

Droite et plan parallèles

229. On dit qu'une droite est *parallèle à un plan* si elle est parallèle à une droite de ce plan.

Si AB est parallèle à une droite A′B′ du plan P, elle ne coupe pas le plan P ; en effet, le plan ABA′B′ coupe le plan P suivant A′B′ et un point commun à AB et P ne peut être que sur A′B′ ; un tel point n'existe pas, puisque AB et A′B′ sont parallèles.

Réciproquement, si une droite AB ne coupe pas le plan P, tout plan, non parallèle à P, mené par AB, rencontre P suivant une droite A′B′ ; AB et A′B′ n'ont aucun point commun puisque si un tel point existait, il serait commun à P et à

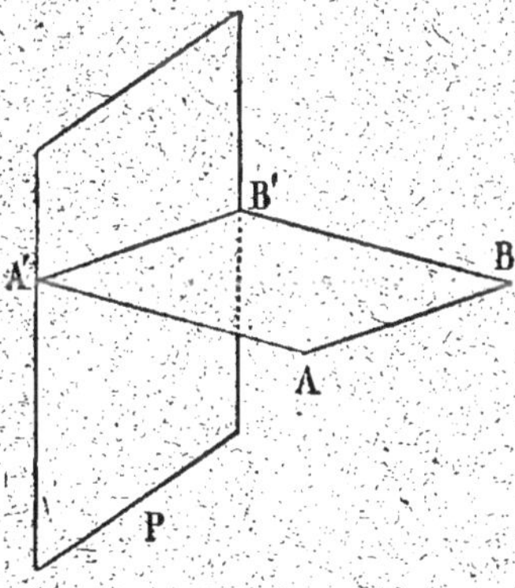

Fig. 210.

AB, contrairement à l'hypothèse ; on en conclut que AB est parallèle à A'B' ; AB est donc parallèle au plan P (*fig*. 210).

On peut donc encore dire qu'un plan et une droite sont parallèles, s'ils n'ont aucun point commun.

La démonstration précédente montre d'ailleurs que tout plan mené par AB et coupant P le fait suivant une parallèle à AB ; ce qui nous fournit le théorème suivant :

Théorème. — *Si une droite est parallèle à un plan, tout plan qui passe par cette droite et qui coupe le premier, le coupe suivant une parallèle à la droite.*

230. Corollaire I. — *Si une droite AB est parallèle à un plan P, toute parallèle à AB menée par un point A' de P est située dans ce plan.*

Cette parallèle n'est autre chose que la droite A'B' intersection de P et du plan ABA'.

Corollaire II. — *Si deux plans parallèles à une même droite se coupent, leur intersection est parallèle à cette droite.*

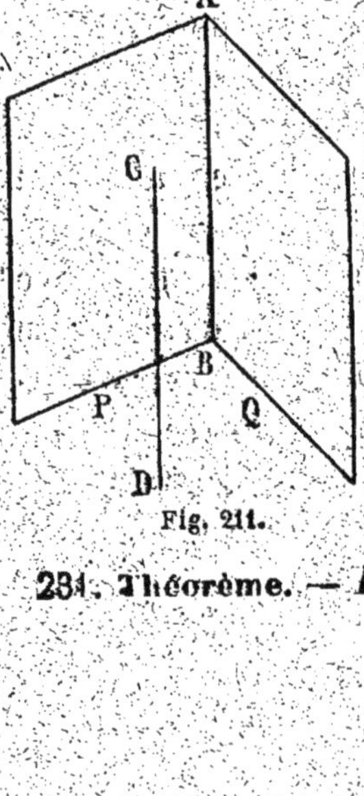

Soient P et Q deux plans parallèles à une droite CD et A un point de leur intersection (*fig*. 211).

La parallèle à CD menée par A est à la fois dans ces deux plans, d'après le corollaire I ; c'est donc leur intersection.

Fig. 211.

231. Théorème. — *Le lieu des parallèles à un plan*

menées par un point A extérieur est un plan parallèle au premier.

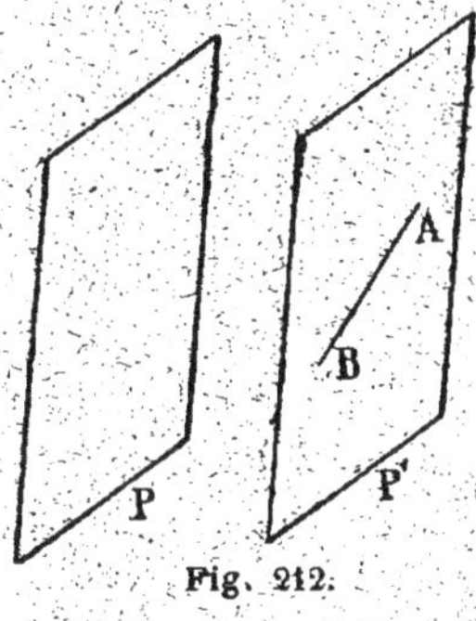

Fig. 212.

Soit AB une parallèle au plan P menée par A (*fig.* 212); elle est dans le plan P′ parallèle à P, d'après sa définition; en second lieu, toute droite de P′ est parallèle à P, puisqu'elle ne peut rencontrer P, sans quoi P et P′ auraient un point commun. P′ est donc le lieu des parallèles à P menées par A.

232. Translation. — Si par les points d'une droite D, on mène des droites parallèles, égales, de même sens, leurs extrémités sont sur une parallèle D′ à la droite et le passage de D à D′ est une translation, comme on l'a vu en géométrie plane (98).

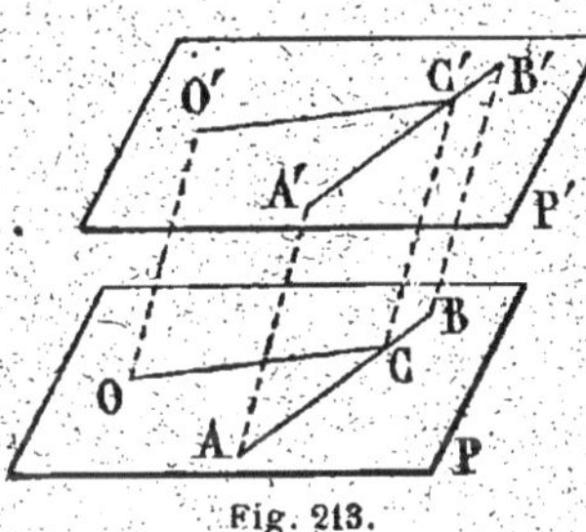

Fig. 213.

Considérons maintenant un plan P et prenons dans ce plan un point O et une droite AB ne passant pas par O (*fig.* 213). Menons des parallèles égales OO′, AA′, BB′; nous définissons un nouveau plan O′A′B′; A′B′ est parallèle à AB, puisque A′B′ est déduite de AB par une translation; il en résulte que tout point C′ de A′B′ se déduit d'un point C de AB en menant la parallèle CC′ à OO′; une droite O′C′ de O′A′B′ est déduite d'une droite OC de P par une translation OO′; O′C′ est parallèle à OC. On en conclut que le nouveau plan P′ est parallèle au plan P et que tous les points de P' sont les extrémités de droites parallèles et égales à OO'.

Nous dirons que P' est déduit de P par une *translation*; on peut l'obtenir de différentes manières : on peut, par exemple, faire décrire à un point O de P la droite OO', le plan P restant parallèle à un plan fixe ; on peut encore faire décrire à trois points O, A, B de P des droites OO', AA', BB' parallèles, de telle façon que les points variables restent toujours à des distances égales de leurs positions initiales.

Dans une translation, les plans et les droites mobiles restent parallèles à leurs positions initiales.

Théorèmes et problèmes.

1. Démontrer qu'un cercle ne peut rencontrer un plan P en plus de deux points ; comment doit être l'intersection du plan du cercle et du plan P pour que l'intersection se réduise à un point ?

2. Un plan variable tourne autour d'une droite fixe ; trouver le lieu des projections d'un point A d'un second plan fixe sur les droites d'intersection du plan variable et du plan fixe.

3. Mener par une droite un plan parallèle à une autre droite.

4. Mener par un point un plan parallèle à deux droites données.

5. Mener par un point une droite parallèle à deux plans dont on ne peut trouver l'intersection.

6. Un plan variable tourne autour d'une droite fixe ; trouver le lieu des milieux des cordes qu'il détermine sur un cercle donné.

7. Mener par un point une droite qui en rencontre deux autres.

8. Mener par un point une droite qui rencontre une droite et un cercle donnés.

9. Mener par un point une droite parallèle à un plan et rencontrant une droite ou un cercle.

10. Mener une droite parallèle à une direction donnée et rencontrant deux droites données.

11. Mener une droite parallèle à une direction donnée et rencontrant une droite et un cercle donnés.

12. Mener par une droite un plan qui détermine sur un cercle donné un arc ou une corde de longueur donnée.

13. Mener par un point un plan parallèle à une droite et rencontrant un cercle en un seul point.

14. Démontrer que les milieux des côtés d'un quadrilatère gauche sont les sommets d'un parallélogramme (on appelle quadrilatère gauche, un quadrilatère dont les sommets ne sont pas dans un même plan).

15. Si par les extrémités d'une droite AB et par son milieu C, on mène des parallèles à une droite donnée et qu'on limite ces droites à un plan tel que A et B soient d'un même côté de ce plan, la parallèle menée de C est la demi-somme des deux autres.

16. Un triangle ABC a sa base BC fixe et son sommet A décrit une droite; montrer que les médianes restent dans des plans fixes et trouver le lieu du point de rencontre des médianes ainsi que les lieux des milieux des côtés.

17. La base BC d'un triangle est fixe, le sommet A décrit un cercle dont le plan passe par le milieu de BC; trouver le lieu du point de rencontre des médianes.

18. Par les points d'un cercle, on mène des parallèles égales; trouver le lieu de leurs extrémités.

19. Mener une droite de longueur et de direction données et s'appuyant sur une droite et un plan ou sur un cercle et un plan.

20. Trouver les lieux des extrémités des droites de longueur et de direction données qui s'appuient sur deux plans donnés.

21. Deux plans variables passent par deux droites parallèles fixes et par un point variable d'une droite fixe; trouver le lieu de leur intersection.

22. Mener par une droite un plan qui en coupe deux autres suivant des droites parallèles entre elles.

23. Démontrer que tous les plans qui passent par un point fixe et qui coupent deux plans suivant des droites parallèles passent par une droite fixe.

24. Trouver le lieu des milieux des droites parallèles à une direction donnée et qui s'appuient sur un plan fixe et sur une droite parallèle à ce plan.

25. Trouver le lieu des milieux des droites parallèles à une direction donnée et qui s'appuient sur deux plans fixes.

26. Trouver le lieu des milieux des droites de longueur et de direction données qui s'appuient sur deux plans fixes.

27. Trouver le lieu des milieux des cordes d'un cercle parallèles à un plan donné.

ANGLES ET DISTANCES

Droites et plans perpendiculaires.

233. Définitions. — Si l'on plie une feuille de carton rectangulaire CDD'C' suivant une parallèle à un côté, on forme une figure composée de deux rectangles AA'D'D, AA'C'C, qui ont le côté commun AA' et que l'on peut écarter l'un de l'autre à volonté ; cette figure est un *angle dièdre*. L'expérience montre que si l'on applique les côtés AD, AC sur un plan horizontal P (*fig. 214*) et que l'on fasse tourner le rectangle AA'D'D en laissant fixe l'autre rectangle, le côté AD reste constamment dans le plan P.

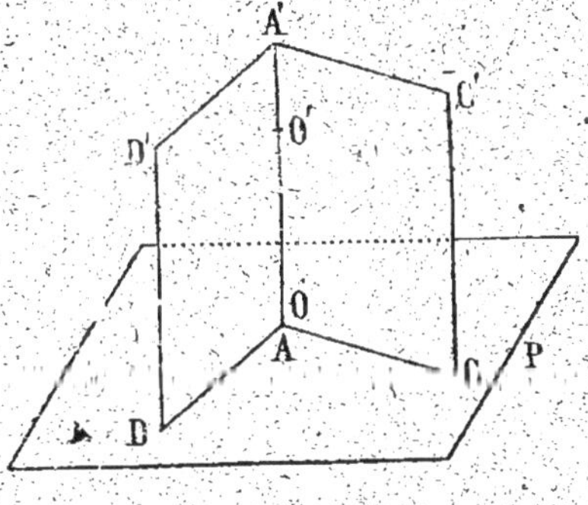

Dans la rotation, la figure AA'D'D ne change ni de forme ni de grandeur ; en particulier, AD est constamment perpendiculaire à AA' et prend successivement toutes les

Fig. 214.

positions d'une droite perpendiculaire à AA'; on en conclut que *le lieu des perpendiculaires menées en un point* A *d'une droite est un plan.*

On dit que ce plan est *perpendiculaire* à la droite ou que la droite est *perpendiculaire* au plan. Toute droite non perpendiculaire à un plan est dite *oblique.*

Remarquons d'ailleurs que si une droite AA' est perpendiculaire aux deux droites AD, AC d'un plan P, on peut par cette droite faire passer un dièdre dont les faces sont des rectangles ayant deux côtés AD, AC dans le plan P et la rotation d'une face de ce dièdre montre que AA' est perpendiculaire à toutes les droites de P qui passent par A ; de plus, AA' faisant un angle droit avec une droite AC du plan P, fait un angle droit avec toute droite de P, qui est parallèle à AC, c'est-à-dire, avec une droite quelconque de P, AC pouvant avoir toutes les directions dans ce plan.

En réalité, ce qui précède suppose que les deux droites du plan passent par le pied A ; mais, si AA' était perpendiculaire à deux droites non parallèles Δ et Δ' du plan, elle serait aussi perpendiculaire à leurs parallèles menées par le point A et on pourrait répéter ce qui a été dit plus haut.

234. L'existence d'un plan unique perpendiculaire à la droite AA' en un point A de cette droite a été mise en évidence (233); on l'obtient en menant par AA' deux plans quelconques dans lesquels on trace des perpendiculaires AC, AD à AA'.

De même, l'existence d'une perpendiculaire unique à un plan P en un point O de ce plan résulte de ce fait

que l'on peut toujours déplacer le dièdre d'arête AA' de
façon que A vienne en O et que AC et AD soient dans
le plan P ; toute autre droite AA' ne peut être perpendiculaire au plan P ; si, en effet, on fait tourner le rectangle ADD'A' jusqu'à ce qu'il contienne AA', la droite AA'
ne peut être perpendiculaire à la nouvelle position de
AD puisque AA' lui est déjà perpendiculaire ; AA' n'est
donc pas perpendiculaire dans le plan ADD'A' (31) à toutes
les droites du plan P ni, par suite, au plan P ; nous résu-
mons ces résultats dans les théorèmes suivants :

Théorème I. — *En un point d'une droite, on peut lui
mener un plan unique, qui lui soit perpendiculaire.*

Théorème II. — *En un point d'un plan, on peut lui
mener une droite unique, qui lui soit perpendiculaire.*

235. Si une droite AA' est perpendiculaire à un plan P,
elle fait avec chaque droite de ce plan un angle droit ; elle
fera donc aussi un angle droit avec une parallèle au plan
P et, en particulier, avec une droite quelconque d'un plan
P' parallèle à P ; elle sera, par suite, perpendiculaire à
toute droite de P', c'est-à-dire à P'.

De même, si deux droites AA', BB' sont parallèles, elles
font le même angle avec une droite quelconque d'un plan
P ; en particulier, si la première est perpendiculaire au
plan P, la seconde sera perpendiculaire à toutes les droites
de P et sera perpendiculaire à ce plan ; nous pouvons
donc énoncer les deux théorèmes suivants :

Théorème I. — *Si deux plans sont parallèles, toute
droite perpendiculaire à l'un est perpendiculaire à l'autre.*

Théorème II. — *Si deux droites sont parallèles, tout plan perpendiculaire à l'une est perpendiculaire à l'autre.*

236. Considérons un plan P et un point O′ extérieur ; si, par ce point, on mène le plan P′ parallèle au premier,

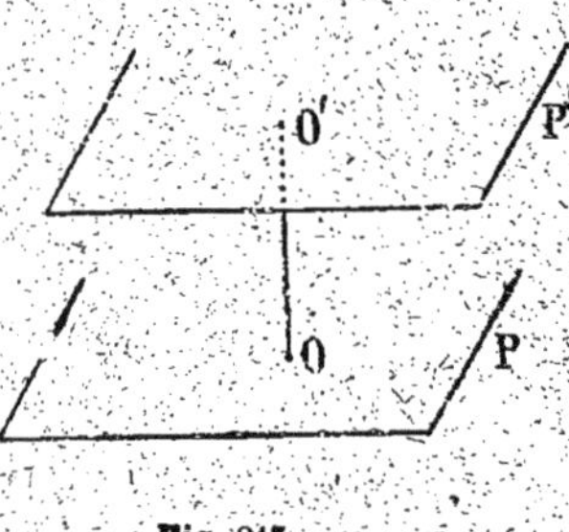

Fig. 215.

toute droite menée par O′ perpendiculairement à l'un d'eux sera perpendiculaire à l'autre ; comme, par O′, il existe une perpendiculaire unique à P′ (*fig.* 215) on en conclut que *par un point O′ pris hors d'un plan P on peut mener une perpendiculaire unique à ce plan.*

Remarquons d'ailleurs que l'on peut obtenir cette droite en déplaçant le dièdre qui nous a déjà servi de façon que la droite AA′ passe par le point O′, les côtés AC, AD restant dans le plan P.

Soient, en second lieu, deux droites parallèles AA′, BB′ (*fig.* 216) ; tout plan, mené par un point O de la seconde, perpendiculaire à l'une d'elles sera perpendiculaire à l'autre ; comme de ce point, on ne peut mener qu'un plan perpendiculaire à BB′, on en conclut que *par un point O pris hors d'une droite, on peut mener un plan unique perpendiculaire à cette droite.*

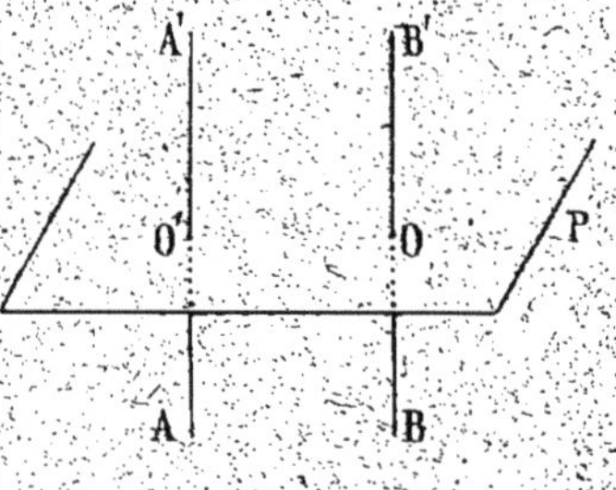

Fig. 216.

Pour l'obtenir, on pourrait d'ailleurs déplacer d'un mouvement de translation un plan perpendiculaire à AA' jusqu'à ce qu'il contienne le point O.

237. Théorème I (Réciproque). — *Si deux plans sont perpendiculaires à une même droite, ils sont parallèles.*

Soient (*fig.* 215) deux plans P et P' perpendiculaires à la droite OO'. Par O', on peut mener un seul plan P″ parallèle à P et ce plan est perpendiculaire à OO' (235); comme il n'y a en O' qu'un plan perpendiculaire à OO' et que P' est perpendiculaire à OO', P' coïncide avec P″; il est donc parallèle à P.

Théorème II (Réciproque). — *Si deux droites sont perpendiculaires à un même plan, elles sont parallèles.*

Soient (*fig.* 216) deux droites AA', BB' perpendiculaires au plan P. Par O', on peut mener une seule parallèle Δ à la droite BB' et cette droite est perpendiculaire au plan P (235); comme il n'y a en O' qu'une perpendiculaire à P et que AA' est perpendiculaire à P, on en conclut que AA' coïncide avec Δ et, par suite, que AA' est parallèle à BB'.

Angles dièdres.

238. Définitions. — Nous avons déjà défini un angle dièdre en considérant la figure formée par deux rectangles ; on peut, d'une façon générale, considérer l'ensemble de deux demi-plans limités à leur intersection comme constituant un *dièdre* ; ces demi-plans sont les *faces* et leur intersection est l'*arête* de l'angle dièdre. Pour nommer un angle dièdre, on désigne chaque face par une lettre et l'arête par deux lettres et on lit ces lettres en plaçant au milieu celles de l'arête ; ainsi on dira le dièdre PABQ (*fig.* 217). Quelquefois quand aucune confusion n'est possible, on se borne à nommer l'arête ; on dit alors le dièdre AB.

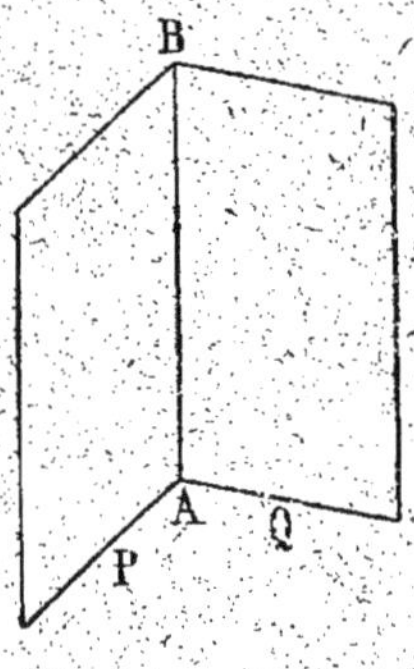
Fig. 217.

Comme il n'y a aucun intérêt, en général, à considérer les faces illimitées, nous supposerons toujours qu'elles sont formées de deux rectangles ayant un côté commun ; on trouve de nombreux exemples de tels dièdres ; citons l'ensemble de deux murs d'une chambre, de deux feuillets d'un livre, de deux parois d'une boîte.

239. **Angle rectiligne.** — Considérons un angle dièdre dont les faces sont des rectangles ACC'A', ABB'A' (*fig.* 218) ; l'angle des côtés AB, AC est appelé *rectiligne* du dièdre ; il est manifeste que si l'on prend un autre point A' sur l'arête et que l'on mène les perpendiculaires A'B', A'C' à cette arête, l'angle B'A'C', dont les côtés sont parallèles à ceux de l'angle BAC et ont même sens, lui est égal, c'est-à-dire que le rectiligne d'un dièdre ne dépend pas du point de l'arête par lequel il est mené.

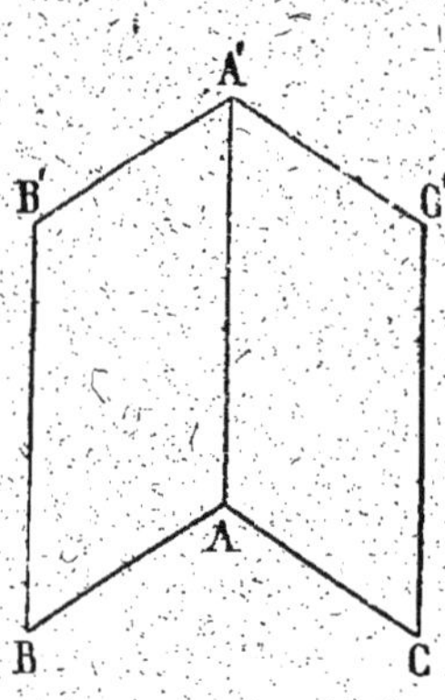
Fig. 218.

A un dièdre donné, correspond donc un seul angle rectiligne ; inversement, si l'on se donne le rectiligne BAC d'un dièdre, ce dièdre est complètement déterminé, puisque son arête AA' est la perpendiculaire unique menée de A au plan BAC.

On est ainsi conduit à évaluer la rotation d'une face d'un dièdre par la rotation d'un côté de son rectiligne et à mesurer un dièdre par le nombre qui mesure son rectiligne ; ainsi, nous dirons qu'un dièdre vaut 5° si l'angle rectiligne est de 5°.

240. Plans perpendiculaires. — On appelle *angle dièdre droit* un dièdre dont le rectiligne est *droit* ; les deux faces sont dites *perpendiculaires*. Si l'on considère un plan P et dans ce plan une droite AB, on peut y tracer une perpendiculaire CAC' à AB (*fig.* 219) ; menons d'autre part la perpendiculaire DAD' au plan P ; les droites AB et DD' déterminent un plan Q, qui forme avec P quatre dièdres dont les rectilignes sont $\widehat{\text{CAD}}$, $\widehat{\text{DAC'}}$, $\widehat{\text{C'AD'}}$

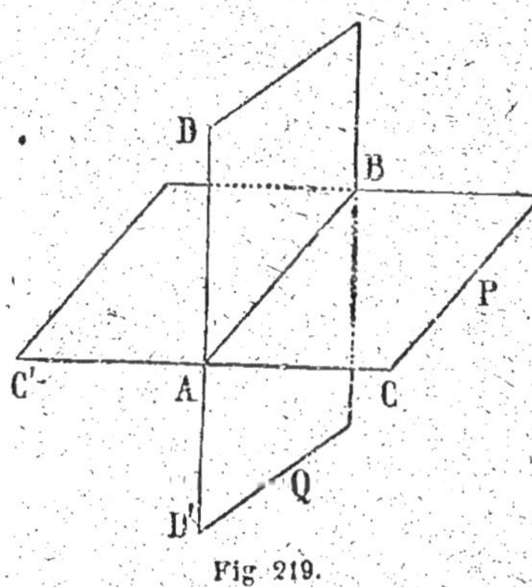

Fig. 219.

$\widehat{\text{D'AC}}$; chacun de ces angles est droit ; il en est de même des dièdres ; on en conclut que si l'un des dièdres formés par deux plans est droit, tous les autres sont droits ; les deux plans sont dits *perpendiculaires*.

La construction précédente montre *que par une droite*

AB d'un plan, on peut mener à ce plan un plan unique perpendiculaire.

241. Théorème I. — *Si une droite est perpendiculaire à un plan, tout plan mené par cette droite est perpendiculaire au premier.*

Soit Q un plan mené par une droite AB perpendiculaire au plan P (*fig.* 220) ;

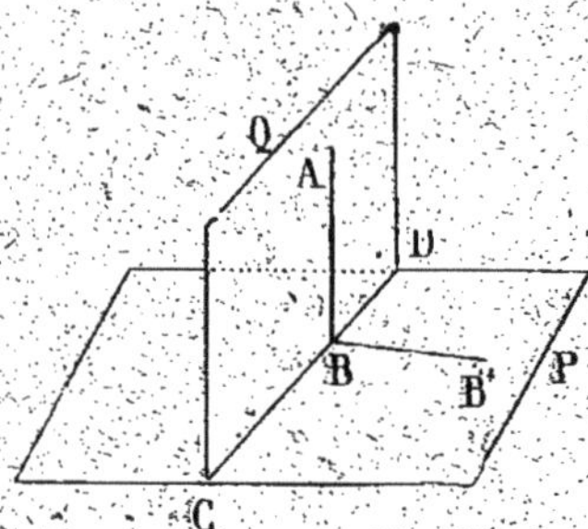
Fig. 220.

un dièdre formé par ces plans a pour arête leur intersection CD ; si nous menons dans P la droite BB′ perpendiculaire à CD, l'angle ABB′ est le rectiligne du dièdre, puisque AB est perpendiculaire à CD ; d'autre part, AB est également perpendiculaire à la droite BB′ du plan P et le rectiligne ABB′ étant droit, le dièdre est droit ; les plans P et Q sont donc perpendiculaires.

242. Théorème II. — *Si deux plans P et Q sont perpendiculaires et que d'un point de Q, on mène une perpendiculaire à leur intersection, cette droite est perpendiculaire au plan P.*

Soit (*fig.* 220) AB la perpendiculaire à l'intersection CD des plans P et Q ; menons dans le plan P la perpendiculaire BB′ à CD ; l'angle ABB′ est le rectiligne du dièdre PCDQ et comme ce dièdre est droit, le rectiligne l'est aussi ; la droite AB, perpendiculaire aux droites CD et BB′, est donc perpendiculaire au plan P, qui les contient.

Remarquons que si du point A, on mène directement la perpendiculaire au plan P, elle doit coïncider avec la droite précédente, puisqu'il n'en existe qu'une qui soit issue de A ; on exprime ce fait en disant que, *si, d'un point d'un plan Q perpendiculaire à un plan P, on mène une perpendiculaire à ce dernier, elle est tout entière dans le premier.*

Corollaire.—*L'intersection de deux plans perpendiculaires à un troisième est perpendiculaire à ce troisième plan.*

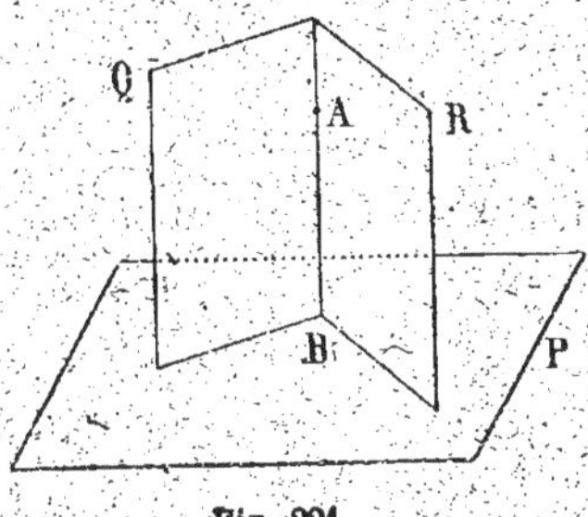

Fig. 221.

Si, en effet, d'un point A commun aux deux premiers plans (*fig.* 221) on abaisse la perpendiculaire AB au plan P, elle est située dans chacun des deux plans Q et R ; c'est donc leur intersection. Nous pouvons remarquer que ces plans Q et R constituent le dièdre, qui nous a servi à étudier la perpendiculaire à un plan.

243. Problème. — *Par une droite, mener un plan perpendiculaire à un plan donné.*

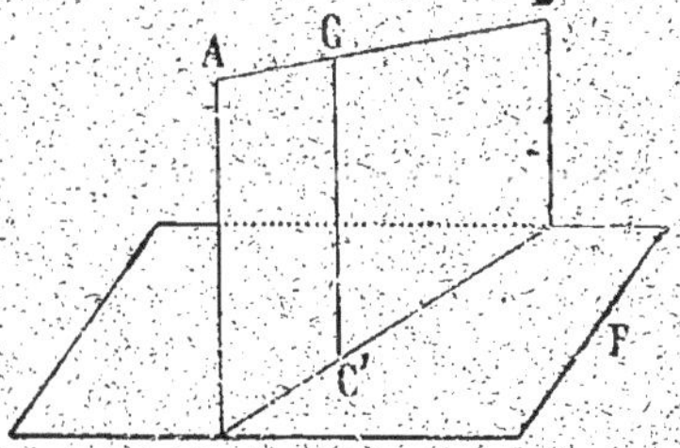

Nous savons déjà que si la droite est perpendiculaire au plan donné, tout plan mené par la droite répond à la question (241).

Fig. 222.

Soit, en second lieu, AB une droite non perpendiculaire au plan P (*fig.* 222); si d'un point C de AB, on mène la perpendiculaire CC' à P, le plan déterminé par AB et CC' répond à la question. D'ailleurs, le plan cherché devant contenir la perpendiculaire abaissée d'un point quelconque de AB, la solution précédente est la seule possible.

244. Projection orthogonale. — On appelle *projection orthogonale* d'un point A sur un plan, le pied de la perpendiculaire abaissée du point.

On appelle *projection orthogonale* d'une figure le lieu des projections des points de la figure. Il résulte du théorème précédent que la *projection orthogonale d'une droite est une droite*; il n'y a exception que dans le cas où la droite est perpendiculaire au plan; tous ses points se projettent alors au pied de la droite. On appelle

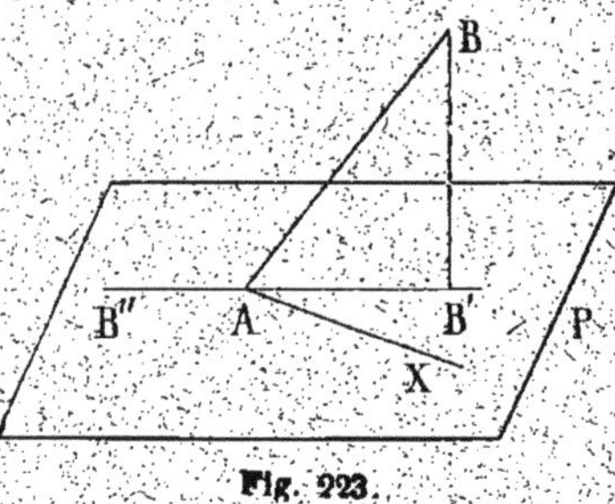

Fig. 223.

angle d'une droite et d'un plan l'angle de cette droite avec sa projection sur le plan. L'angle de AB et du plan P est l'angle BAB′, AB′ étant la projection orthogonale de AB; on démontre que si autour du point A, on fait tourner une droite AX dans le plan P, l'angle BAX augmente constamment

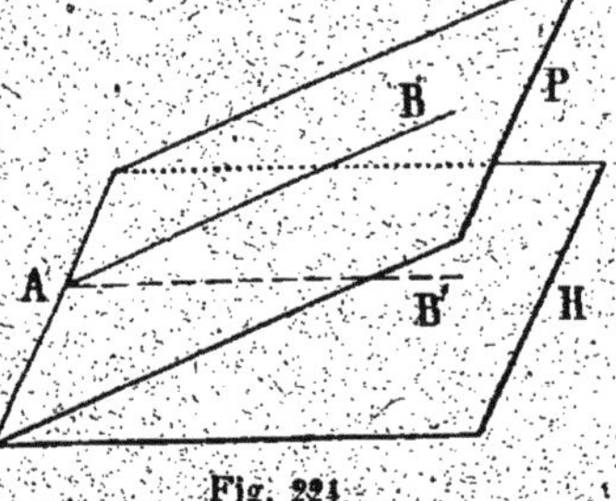

Fig. 224.

pour devenir maximum quand AX est en AB′ suivant le prolongement de AB′.

Étant donnés deux plans P et H dont l'un, H, est horizontal, on appelle *ligne de plus grande pente* du plan P une droite AB du plan P qui est perpendiculaire à l'intersection des deux plans ; l'angle de cette droite et du plan horizontal est le rectiligne du dièdre formé par les plans P et H ; on démontre que AB fait avec le plan horizontal un angle plus grand que celui de H avec toute autre droite de P non parallèle à AB.

Distances.

245. Théorème.— *Si, d'un point extérieur à un plan, on mène la perpendiculaire et différentes obliques, limitées au plan :*

1° La perpendiculaire est plus courte qu'une oblique ;

2° Les obliques sont dans le même ordre de grandeur que les distances de leurs pieds au pied de la perpendiculaire.

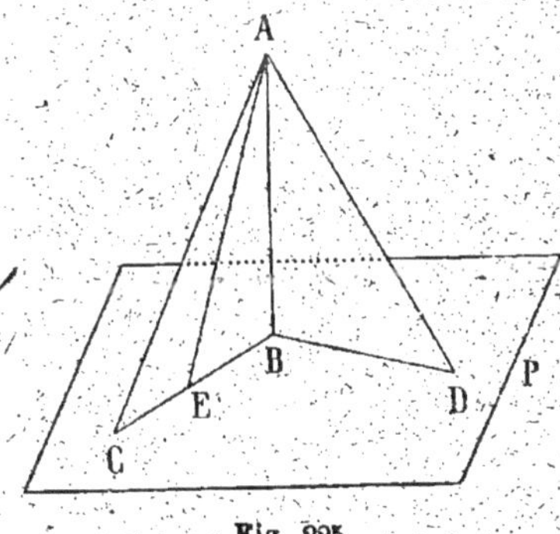

Fig. 225.

Soient (*fig.* 225) AB la perpendiculaire au plan, AC, AD, AE des obliques telles que

$$BC = BD > BE.$$

1° Dans le triangle rectangle ABD, on a

$$AD > AB.$$

2° Les triangles rectangles ABD, ABC sont égaux, ayant les angles B égaux compris entre le côté commun AB et les côtés égaux BC, BD ; on en conclut l'égalité des obliques AC, AD.

3° Dans le plan ABC, l'oblique AE est inférieure à l'oblique AC.

Les réciproques résultent des propositions directes.

Définition. — La longueur de la perpendiculaire abaissée d'un point A sur un plan P est appelée *distance* du point au plan. On voit que c'est la plus courte distance du point A à un point du plan.

246. Si l'on déplace un plan d'un mouvement de translation de façon qu'un point A décrive une droite AA', tous les points de ce plan décrivent des droites parallèles et égales à AA' et viennent dans un plan P' parallèle à P

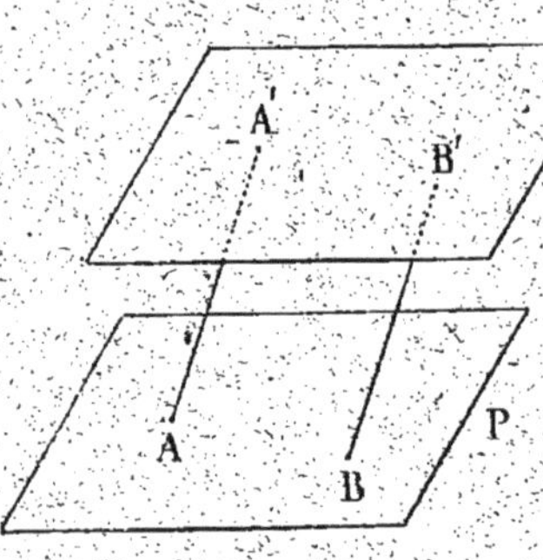

Fig. 226.

(*fig.* 226) ; on en conclut que *les segments de droites parallèles compris entre deux plans parallèles sont égaux.* En particulier, si AA' est perpendiculaire au plan P, toute parallèle à AA' est perpendiculaire à ce plan et les segments AA' sont les distances des points tels que A' au plan P ou des points tels que A au plan P'.

Si deux plans sont parallèles, la distance d'un point quelconque de l'un d'eux à l'autre est constante.

Cette distance constante est appelée la *distance des deux plans.*

Corollaire. — *Les segments déterminés sur une droite*

par trois plans parallèles sont proportionnels aux distances de ces plans deux à deux.

Soient A, A', A" les points de rencontre d'une droite avec

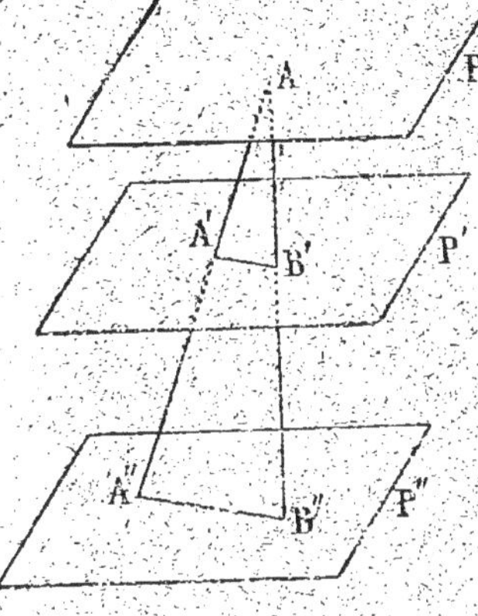

Fig. 227.

trois plans parallèles P, P', P" (*fig.* 227) et AB'B" la perpendiculaire à ces plans.

Le plan AA'B' coupe P' et P" suivant deux droites parallèles et on a

$$\frac{AA'}{A'A''} = \frac{AB''}{B'B''},$$

ce qui exprime que les segments AA', A'A" sont proportionnels aux distances des plans P et P', P' et P".

Exercices numériques.

1. La distance d'un point à un plan est 44cm ; une oblique issue de ce point a pour longueur 0m,55 ; calculer la longueur de sa projection.

2. Une oblique de longueur 6cm,5 a pour projection un segment de 4cm,2 ; trouver à 0m,001 près les distances de ses extrémités au plan, sachant que la différence de ces distances est 0m,02.

3. Deux plans sont distants de 10cm ; d'un point de l'un d'eux, on mène une oblique de longueur 10cm et dont la projection sur l'un des plans a 4cm ; trouver les distances de l'extrémité de cette oblique aux deux plans.

4. Un point A est distant d'un plan P de 15cm ; du pied de la perpendiculaire abaissée de A sur le plan, on décrit dans ce plan un cercle de rayon 12cm ; sur une tangente en un point B de ce cercle, on porte la longueur BT = 6cm ; calculer à 1mm près la longueur AT.

5. Une oblique de 20^{cm} issue d'un point A à une distance 12^{cm} d'un plan P rencontre ce plan en B ; calculer la longueur d'une tangente issue de B au cercle décrit dans ce plan avec un rayon égal à 9^{cm}, son centre étant la projection de A.

6. Calculer l'aire d'un triangle ayant pour base le côté d'un hexagone régulier inscrit dans un cercle de rayon 6^{cm} et dont le sommet projeté au centre de ce cercle, est à une distance du plan du cercle égale à 8^{cm}. (On calculera l'aire à 1mmq près.)

7. Un triangle équilatéral a pour côté 1^{cm}; trouver l'aire de la projection de ce triangle sur un plan passant par un côté du triangle et faisant avec le plan de ce triangle un angle de 45°.

8. Un carré a pour aire 4cmq,05 ; sa projection sur un plan qui passe par un de ses côtés a pour aire 3cmq ; trouver la distance du côté opposé au premier au plan de projection, ainsi que les longueurs des côtés et de leurs projections, à 0^{cm},1 près.

9. Deux points A et B sont situés dans deux plans perpendiculaires à des distances 6^{cm} et 4^{cm} de leur intersection XY ; les plans menés par A et B perpendiculairement à XY sont distants de 3^{cm}, trouver la distance des deux points à 0^{cm},1 près.

10. Par deux points A et B distants de 3^{cm}, on mène des droites AX, BY perpendiculaires à AB et perpendiculaires entre elles ; on prend sur ces droites des points A' et B' tels que AA' = 3^{cm}, BB' = 4^{cm} ; calculer à 0^{cm},01 près les côtés et les diagonales du quadrilatère AA'B'B.

11. Par deux points A et B distants de 3^{cm}, on mène des droites AX, BY perpendiculaires à AB et faisant l'angle de 60° ; d'un point A' de AX distant de A de 4^{cm}, on mène la perpendiculaire à BY ; trouver sa longueur à 0^{cm},01 près.

12. On considère trois droites OX, OY, OZ deux à deux perpendiculaires et sur ces droites les points A, B, C distants du point O de 5^{cm} ; calculer les côtés du triangle ABC et la distance du point O à son plan, à 0^{cm},01 près.

13 Un triangle équilatéral ABC a pour côté 4^{cm} ; un point S est à une distance constante 6^{cm} des sommets de ce triangle ; calculer la distance de ce point au plan du triangle, ainsi que l'aire du triangle SAB.

14. Par les sommets d'un carré, on mène des droites faisant un angle de 45° avec le plan du carré et dont les projections sur ce plan sont dirigées suivant deux côtés parallèles de ce carré ; on porte sur ces droites d'un même côté du plan du carré des longueurs 5cm égales au côté du carré ; calculer les aires des parallélogrammes ainsi formés.

15. Par le sommet A d'un hexagone régulier de côté 4cm, on mène une perpendiculaire AS = 5cm au plan de l'hexagone ; calculer à 1cm,01 près les distances du point S aux autres sommets de l'hexagone ainsi que les distances du point A aux droites qui joignent le point S aux autres sommets de l'hexagone.

Théorèmes et problèmes.

1. Si une droite D et un plan P sont perpendiculaires à une même droite Δ, la droite D ne rencontre pas le plan ou y est contenue tout entière.

2. Si une droite D et un plan P sont perpendiculaires à un même plan, la droite ne rencontre pas P ou y est contenue tout entière.

3. Si un plan est perpendiculaire à une droite d'un plan P, il est perpendiculaire au plan P.

4. Mener par un point un plan perpendiculaire à un plan donné et parallèle à une droite donnée.

5. Mener par un point une droite perpendiculaire à une droite donnée et parallèle à un plan donné.

6. Mener par un point un plan perpendiculaire à deux plans.

7. Démontrer que si deux plans ne sont pas parallèles, les droites perpendiculaires à ces plans ne sont pas parallèles.

8. Trois plans perpendiculaires aux côtés d'un triangle en leurs milieux se coupent suivant une droite perpendiculaire au plan du triangle.

9. Par les sommets d'un triangle, on mène des plans perpendiculaires aux côtés opposés ; démontrer que ces plans se coupent suivant une droite perpendiculaire au plan du triangle.

10. Trouver le lieu des perpendiculaires abaissées d'un point A sur les plans qui passent par une droite fixe.

11. Démontrer que si d'un point A, on mène une perpendiculaire AB à un plan P et, si du point B on mène la perpendiculaire BC à une droite D du plan P, AC est perpendiculaire à D.

12. Trouver le lieu des pieds des perpendiculaires abaissées d'un point A sur les droites d'un plan P qui passent par un point fixe ou sont parallèles à une direction donnée.

13. Si par deux droites parallèles, on mène des plans perpendiculaires à un plan P, ces plans sont parallèles.

14. Si deux dièdres ont leurs faces respectivement parallèles et de même sens, leurs rectilignes sont égaux.

15. Trouver le lieu des points équidistants de deux points.

16. Trouver le lieu des points équidistants de trois points non en ligne droite.

17. Trouver dans un plan P le lieu des points équidistants de deux points A et B non situés dans ce plan.

18. Trouver sur une droite ou sur une circonférence les points équidistants de deux points A et B.

19. Trouver le lieu des points équidistants de deux droites concourantes ou parallèles.

20. Trouver sur une droite ou sur une circonférence des points équidistants de deux droites concourantes ou parallèles.

21. Mener une droite qui rencontre deux droites et qui soit perpendiculaire à chacune d'elles. (Cette droite est appelée la perpendiculaire commune aux droites données.)

22. Si AB est la perpendiculaire commune à deux droites AX, BY et si l'on porte sur ces droites des longueurs égales AA', BB', la droite A'B' fait des angles égaux avec AX et BY et les distances AB', A'B sont égales.

23. On considère le plan mené par A'B' parallèlement à AB (22); montrer qu'il a une direction fixe, si les longueurs AA', BB' varient en restant égales.

24. Trouver sur un plan le lieu des points situés à une distance donnée d'un plan non parallèle au premier.

25. Trouver sur un plan parallèle à une droite le lieu des points situés à une distance donnée de cette droite.

26. Trouver le lieu du milieu d'une droite qui joint deux points variables de deux droites données non situées dans un même plan.

27. Trouver le lieu du milieu d'une droite de longueur constante dont les extrémités décrivent deux droites perpendiculaires.

28. Trouver le lieu du milieu d'une droite parallèle à un plan fixe et dont les extrémités décrivent deux droites fixes.

29. Construire un demi-plan partageant un dièdre en deux dièdres égaux (on l'appelle plan bissecteur du dièdre).

30. Trouver le lieu des points équidistants de deux plans.

31. Trouver le lieu des points dont le rapport des distances à deux plans est constant.

32. Trouver le lieu des points dont la somme ou la différence des distances à deux plans donnés est constante.

33. Par deux droites orthogonales, on mène des plans perpendiculaires entre eux ; montrer que si l'un de ces plans varie, l'autre est fixe.

34. Par deux droites parallèles, on mène des plans rectangulaires ; trouver le lieu du point de rencontre de leur intersection avec un plan perpendiculaire aux droites.

35. Les projections orthogonales de deux droites parallèles sont parallèles ou confondues.

36. La projection orthogonale d'un parallélogramme est un parallélogramme.

37. Si l'on projette trois points A, B, C en ligne droite en A', B', C', on a

$$\frac{AB}{BC} = \frac{A'B'}{B'C'}.$$

38. Démontrer que le point de rencontre des médianes d'un triangle se projette au point de rencontre des médianes de la projection du triangle.

39. La projection d'un cercle sur un plan parallèle au plan du cercle est un cercle égal au premier.

40. La projection d'un angle droit sur un plan parallèle à un de ses côtés est un angle droit. Réciproques.

DEUXIÈME PARTIE

LES SOLIDES

CHAPITRE I

PYRAMIDES ET PRISMES

Pyramides.

247. Définitions. — Si l'on joint un point S aux sommets d'un polygone dont le plan ne passe pas par le point S,

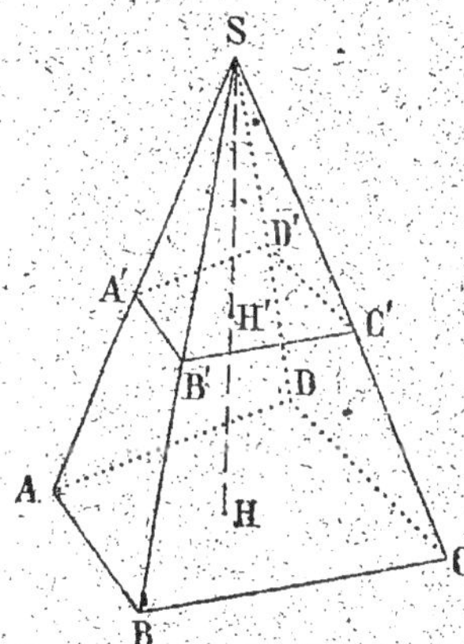

on forme une figure limitée par des triangles de sommet commun S et par le polygone considéré ; cette figure est appelée une *pyramide*, elle est dite *convexe* si le polygone est lui-même convexe ; ce seront les pyramides convexes seules que nous considérerons.

Le point S (*fig.* 228) est appelé le *sommet* de la pyramide ; le polygone ABCD en est la *base* ; les triangles SAD, SAB,... en sont les *faces* ; les droites SA, SB, SC, SD en sont les *arêtes latérales* ; quelquefois,

Fig. 228

on donne aussi le nom d'arêtes aux côtés de la base ; la figure formée par les triangles qui aboutissent en S est un *angle solide* ou *angle polyèdre* ; s'il n'a que trois faces, il est appelé *trièdre*. La perpendiculaire menée du sommet au plan de base est la *hauteur* de la pyramide.

Une pyramide est dite *triangulaire, quadrangulaire, etc* , si sa base est un triangle, un quadrilatère, etc. La pyramide triangulaire est encore appelée *tétraèdre* ; une face quelconque peut servir de base.

Une pyramide est *régulière*, si sa base est un polygone régulier et si sa hauteur passe par le centre de ce polygone.

248. Théorème. — *La section faite dans une pyramide par un plan parallèle à la base est semblable à la base et le rapport de similitude est égal au rapport des distances du sommet au plan de section et au plan de base.*

Soit A'B'C'D' la section faite parallèlement au plan de base (*fig.* 228) ; les côtés de ce polygone sont respectivement parallèles à AB, BC, CD, DA ; les angles A', B', C', D' sont donc égaux aux angles A, B, C, D ; d'autre part on a

$$\frac{A'B'}{AB} = \frac{SB'}{SB} = \frac{B'C'}{BC} = \frac{SC'}{SC} = \frac{C'D'}{CD} = \frac{SD'}{SD} = \frac{D'A'}{DA} = \frac{SA'}{SA},$$

les côtés des deux polygones sont proportionnels et ces polygones sont semblables ; le rapport de similitude est le rapport dans lequel SA est partagée par le plan parallèle à ABCD ; c'est donc le rapport des distances du point S aux plans A'B'C'D' et ABCD.

Remarque I. — La figure A'B'C'D' n'est autre chose d'ailleurs que l'homothétique de ABCD, comme on le voit en étendant à l'espace la définition donné pour l'homothétie plane ; nous n'y insisterons pas, toutes les propriétés établies subsistant ici et se démontrant de la même manière.

REMARQUE II. — Le rapport de similitude étant égal à $\dfrac{SH'}{SH}$, les aires des deux sections seront dans le rapport $\left(\dfrac{SH'}{SH}\right)^2$ (191) ; si l'on imagine alors que l'on éclaire le polygone A'B'C'D' par un point qui envoie une certaine quantité de lumière sur un écran ABCD, la quantité de lumière restera la même quand on déplacera l'écran et comme elle sera répartie sur une surface qui varie comme le carré de sa distance au point lumineux, l'intensité sera en raison inverse de ce carré.

249 Tronc de pyramide. — Si l'on coupe une pyramide ABCD par un plan parallèle à la base et situé entre le sommet et la base, on forme un corps ABCDA'B'C'D' appelé *tronc de pyramide* ; ABCD et A'B'C'D' en sont les *bases* ; leur distance est la *hauteur* du tronc et les trapèzes ABB'A', BCC'B', ... en sont les *faces* ; un tronc de pyramide est *triangulaire, quadrangulaire, ..., régulier*, s'il provient d'une pyramide *triangulaire, ..., régulière*.

Prismes.

250. Définitions. — Considérons un polygone plan ABCD et par chacun des sommets menons des droites parallèles à une direction non parallèle au plan du polygone ; si sur ces droites on porte des longueurs égales et de même sens,

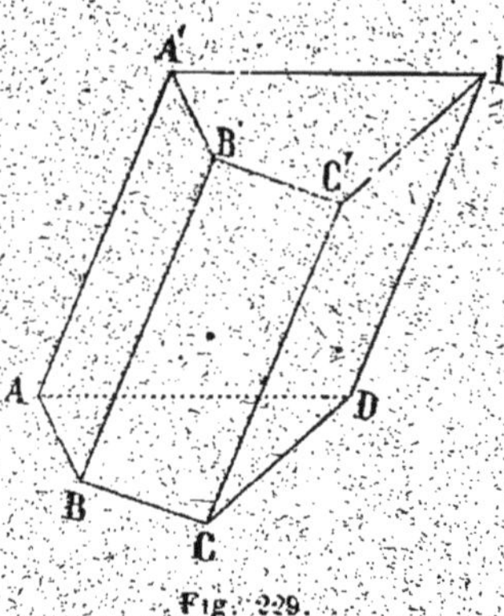

Fig. 229.

on détermine un nouveau polygone A'B'C'D' qui n'est autre chose que le premier transporté d'un mouvement de translation; le corps limité par les portions de plan ABCD, A'B'C'D', ABB'A', … est un prisme (*fig. 229*). Les polygones ABCD, A'B'C'D' sont les *bases*, les parallélogrammes ABB'A', BCC'B', … sont les *faces*, les droites AA', BB', sont les *arêtes latérales* et les points A, B, C, D, A', B', C', D' sont les *sommets* du prisme.

La distance des plans des bases est la *hauteur* du prisme.

Les figures formées par les portions de plan qui aboutissent à un même sommet sont appelées les *angles solides* ou *angles polyèdres* du prisme.

Un prisme est dit *triangulaire, quadrangulaire*, etc., si ses bases sont des triangles, des quadrilatères, etc.

On dit qu'un prisme est *droit*, si ses arêtes latérales sont perpendiculaires aux plans des bases; dans le cas contraire, il est dit *oblique*.

On appelle *parallélépipède* un prisme dont les bases sont des parallélogrammes, *parallélépipède rectangle* un parallélépipède droit dont les bases sont des rectangles, et *cube* un parallélépipède rectangle dont les faces sont des carrés égaux; nous en montrerons plus loin l'existence et nous donnerons le moyen de le construire.

Ces différentes variétés de prismes se rencontrent fré-

quemment dans les applications ; un certain nombre de
cristaux ont la forme de prismes ou des formes dérivées
du prisme ; une règle, une poutre sont des prismes droits
à base rectangle ; une poutre en fer est un prisme droit
dont la base a la forme d'un T ; un tel prisme n'est pas
convexe ; un dé à jouer a la forme d'un cube.

251. Section plane d'un prisme. — Toute section faite
dans un prisme par un plan parallèle à ses bases est un
polygone égal aux bases, car on peut l'obtenir par une
translation de l'une des bases.

Si l'on coupe un prisme par un plan qui rencontre les
arêtes et non leurs prolongements, on obtient un polygone qui dépend de la direction du plan, mais qui ne
change pas si le plan se déplace parallèlement à lui-
même, puisque ce déplacement est une translation ; en
particulier, tout plan perpendiculaire aux arêtes latérales
détermine une section de forme et de grandeur inva-
riables ; on l'appelle une *section droite*.

Enfin, si le plan sécant rencontre certaines arêtes et les
prolongements d'autres arêtes, la section est un polygone
dont un côté est situé sur l'une des bases.

On appelle *tronc de prisme* le corps obtenu en détachant
d'un prisme la partie située d'un côté d'un plan sécant
qui coupe toutes les arêtes et non leurs prolongements ;
c'est un corps analogue au prisme, mais les arêtes latérales sont inégales, avec cette condition toutefois que
leurs extrémités soient dans un même plan.

252. Théorème I. — *Dans un parallélépipède les faces
opposées sont des parallélogrammes égaux et parallèles.*

Soit le parallélépipède ABCDA′B′C′D′ dont les bases

sont les parallélogrammes ABCD, A'B'C'D' (*fig.* 230) ; les droites AD et A'D', BC et B'C' sont parallèles et égales ; on obtient donc la face CDC'D' par une translation de la face ABB'A' ; ces faces sont donc égales et parallèles.

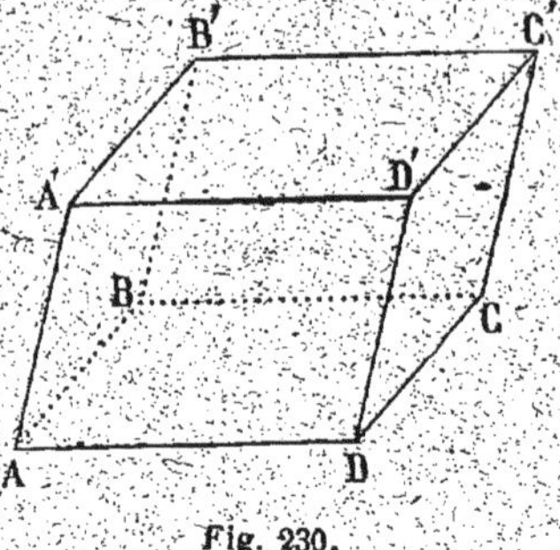

Fig. 230.

Il en résulte que chaque face peut être considérée comme base du parallélépipède.

Corollaire. — *Si dans un parallélépipède droit à base carrée, les arêtes latérales sont égales aux côtés de la base, ce parallélépipède est un cube.*

En effet, une face latérale est alors un carré égal à la base.

Ceci donne un moyen de construire un cube ; on tracera un carré et en chacun de ses sommets on élèvera, au plan de base, une perpendiculaire égale au côté du carré ; on peut encore découper dans une feuille de papier une figure ABC ... KL formée d'un carré central CFIL et de quatre carrés latéraux construits sur les côtés du premier (*fig.* 231) ; en relevant ces carrés de façon à faire coïncider les côtés qui aboutissent à un même sommet, on obtiendra un cube.

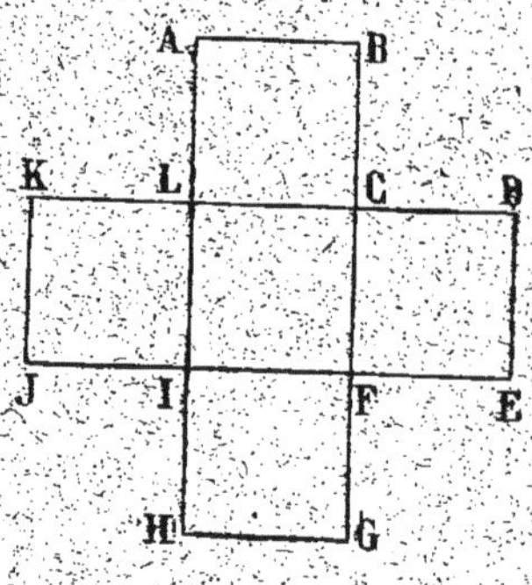

Fig. 231.

253. Théorème II. — *Dans un parallélépipède, les dia-*

gonales se coupent en un même point, qui est le milieu de chacune d'elles.

On appelle *diagonale* une droite qui joint deux sommets opposés, c'est-à-dire non situés dans une même face; ici, ce sont les droites AC', B'D, BD', CA' (*fig.* 232). La figure ABC'D', ayant deux côtés opposés égaux et parallèles, AB et C'D', est un parallélogramme ; les diagonales AC' et BD' se coupent en leur milieu ; on voit de même que B'D passe par le milieu de AC' et que CA' passe par le mileu de BD', de telle sorte que ces quatre droites passent par le point O, milieu de chacune d'elles.

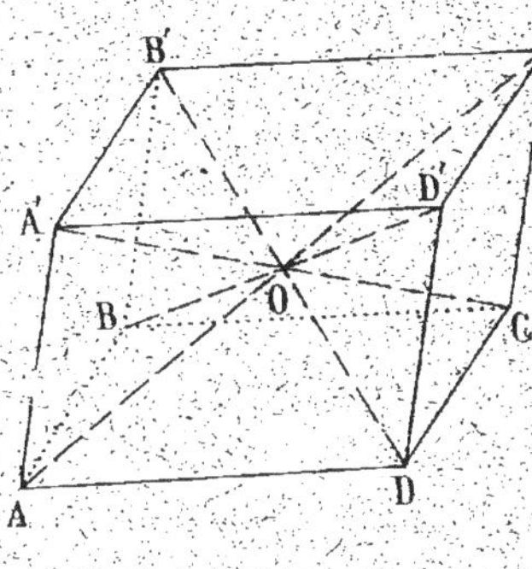

Fig. 232.

Il en résulte que le point O, qui partage en deux parties égales la droite AC' limitée aux plans parallèles ABCD, A'B'C'D', est équidistant de ces plans et, par suite, que toute droite menée par ce point et limitée aux plans des bases est partagée par O en deux parties égales ; ceci est d'ailleurs indépendant des bases choisies ; autrement dit, toute droite qui passe par le point O et qui est limitée aux faces du parallélépipède a son milieu en O ; ce point est appelé le *centre* de la figure.

Aires

254. Définitions. — On appelle *aire latérale* d'un prisme, d'une pyramide, d'un tronc de prisme ou d'un tronc de pyramide la somme des aires des faces latérales ; on appelle *aire totale* l'aire latérale augmentée des aires des bases. Le calcul de l'aire latérale et de l'aire totale est donc analogue à celui qui a été indiqué en géométrie plane dans le cas des polygones ; nous nous bornerons à donner quelques exemples.

Problème I. — *Un prisme droit a pour base un carré de côté 5cm ; sa hauteur est 2dm,4 ; trouver l'aire latérale et l'aire totale.*

Chaque face est un rectangle de dimensions 5cm et 24cm ; son aire est $24 \times 5 = 120$cm² ; l'aire latérale est $120 \times 4 = 480$cm² ; les bases ont des aires égales à $5^2 = 25$cm² et l'aire totale est

$$480\text{cm}^2 + 25\text{cm}^2 + 25\text{cm}^2 = 530\text{cm}^2, \quad \text{ou} \quad 5\text{dm}^2,3.$$

Problème II. — *Un prisme a pour arête 12cm ; sa section droite a pour périmètre 18cm ; trouver son aire latérale.*

L'aire latérale est la somme des aires des faces latérales, chacune d'elles étant un parallélogramme auquel on peut donner comme base une arête latérale ; la hauteur est alors un côté de la section droite qui est perpendiculaire à cette arête ; on aura donc pour aire latérale (*fig.* 233)

$$AA' \times PQ + BB' \times QR + CC' \times RS + DD' \times SP,$$

ou, en désignant par a la longueur commune des arêtes latérales,

$$a(PQ + QR + RS + SP) ;$$

c'est le produit de a par le périmètre de la section

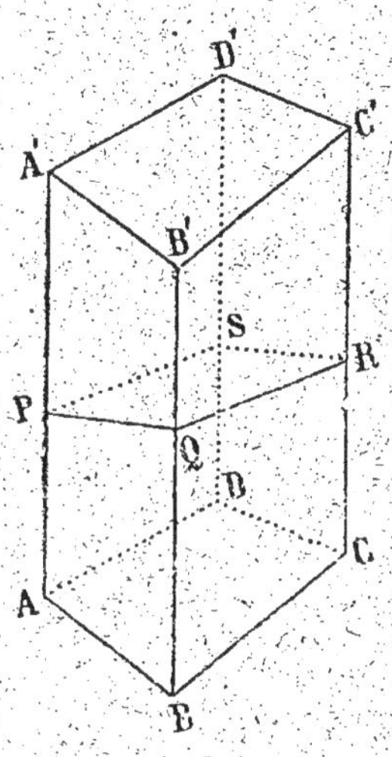

Fig. 233.

droite ; ce sera ici $12 \times 18 = 216^{cm2} = 2^{dm2},16$.

Problème III. — *Un tronc de prisme triangulaire droit a pour base un triangle rectangle ABC dont les côtés de l'angle droit AB et AC ont pour longueurs* 7^{cm} *et* 11^{cm} *; les arêtes AA', BB' et CC' ont pour longueurs* 5^{cm}, 12^{cm} *et* 18^{cm} *; trouver l'aire latérale.*

Les faces ABB'A' et ACC'A sont des trapèzes (*fig.* 234) dont on connaît les bases, qui son les arêtes latérales, et les hauteurs AB et AC ; leurs aires sont

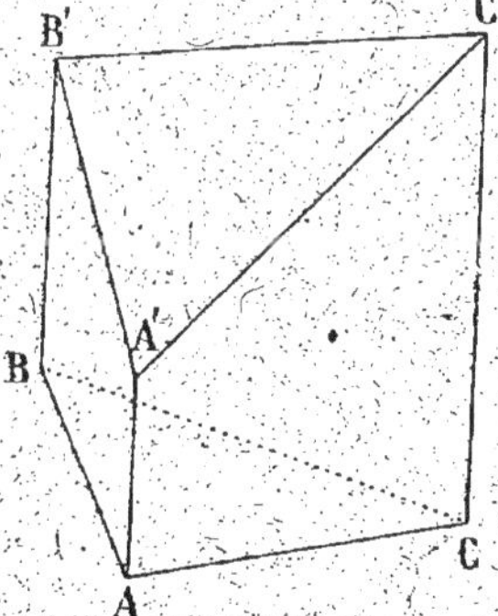

Fig. 234.

$$\frac{AA' + BB'}{2} \times AB \qquad \text{et} \qquad \frac{AA' + CC'}{2} \times AC,$$

ou

$$\frac{17}{2} \times 7 = 59^{\text{cm}2},5 \qquad \text{et} \qquad \frac{23}{2} \times 11 = 126^{\text{cm}2},5.$$

La face BCC'B' a pour bases BB' et CC' et pour hauteur l'hypoténuse BC, son aire est

$$\frac{BB' + CC'}{2} \times BC = 15 \times \sqrt{7^2 + 11^2} = 15 \times \sqrt{170},$$

nous ne pourrons l'avoir qu'avec approximation ; la racine carrée de 170 est 13,038 à $\frac{1}{1000}$ près par défaut; si on multiplie ce nombre par 15, on trouve $195^{\text{cm}2},57$ et l'erreur commise est inférieure à $\frac{15}{1000}$, de telle sorte que l'aire latérale est

$$59,5 + 126,5 + 195,57 = 381^{\text{cm}2},57,$$

avec une erreur inférieure en moins à $\frac{15}{1000}$ de centimètre carré, c'est-à-dire que l'aire est comprise entre $381^{\text{cm}2},57$ et $381^{\text{cm}2},585$.

Problème IV. — *Une pyramide a pour base un carré de 3^{cm} de côté ; son sommet est situé sur une perpendiculaire menée au plan de base en un sommet **A** de la base et à une distance 4^{cm} ; trouver l'aire totale.*

L'aire totale est la somme de l'aire du carré ABCD et des aires des triangles SAB, SBC, SCD, SDA (*fig.* 235).

L'aire du carré est $9^{\text{cm}2}$.

Les triangles SAB, SAD ont pour bases 3^{cm} et pour hauteurs SA $= 4^{\text{cm}}$; leurs aires sont égales à $\frac{4 \times 3}{2} = 6^{\text{cm}2}$.

Le triangle SBC a pour base BC et pour hauteur SB ;

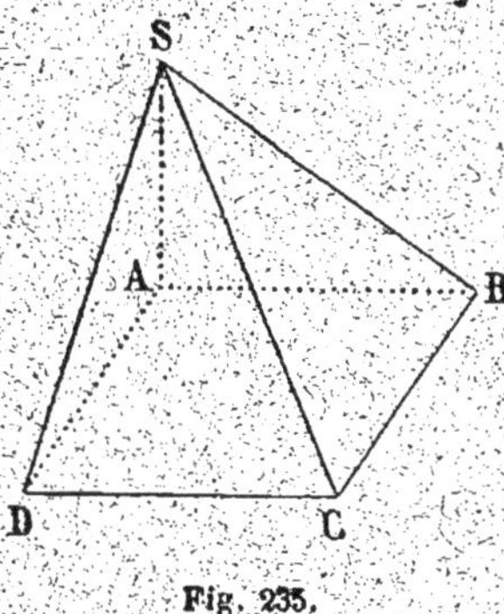

en effet, la droite BC est perpendiculaire à AB ; elle est aussi perpendiculaire à SA, qui est perpendiculaire au plan ABCD ; il en résulte que BC est orthogonale au plan SAB et, en particulier, à la droite SB. L'aire de ce triangle est donc

Fig. 235.

$$\frac{1}{2} BC \times SB = \frac{3}{2} \times \sqrt{4^2 + 3^2} = \frac{15}{2} = 7^{cm2},5.$$

L'aire du triangle SDC est aussi égale à $7^{cm2},5$

L'aire totale est donc $9 + 6 + 6 + 7,5 + 7,5 = 36^{cm2}$.

255. Pyramide et tronc de pyramide réguliers. — Dans une pyramide régulière, les faces sont des triangles isocèles égaux, puisque le sommet est à égales distances des sommets de la base, le pied de la hauteur étant au centre de cette base ; il en résulte que ces triangles ont tous même hauteur, qui est appelée *l'apothème* de la pyramide. L'aire d'une face latérale est alors égale au demi-produit d'un côté de la base par l'apothème et *l'aire latérale est le produit de l'apothème par le demi-périmètre de la base*.

Dans un tronc de pyramide régulier, les faces sont des trapèzes isocèles égaux ; leur hauteur commune est appelée *l'apothème* du tronc. L'aire d'une face latérale est le produit de l'apothème par la demi-somme des côtés de la base inférieure et de la base supérieure du tronc, de sorte que si l'on désigne par a l'apothème, par c et c' les

324

côtés des deux bases et par n le nombre des faces latérales, l'aire latérale est

$$\frac{c + c'}{2} \times a \times n \qquad \text{ou} \qquad \frac{nc + nc'}{2} \times a,$$

ce qui s'exprime en disant que *l'aire latérale est le produit de la demi-somme des périmètres des bases par l'apothème.*

Exemple I. — *Une pyramide régulière a pour base un carré de 6cm de côté et sa hauteur est 4cm ; trouver l'aire totale.*

L'apothème est la médiane du triangle SAB (*fig.* 236) ; la droite OH parallèle au côté AD a pour longueur 3cm, et on a

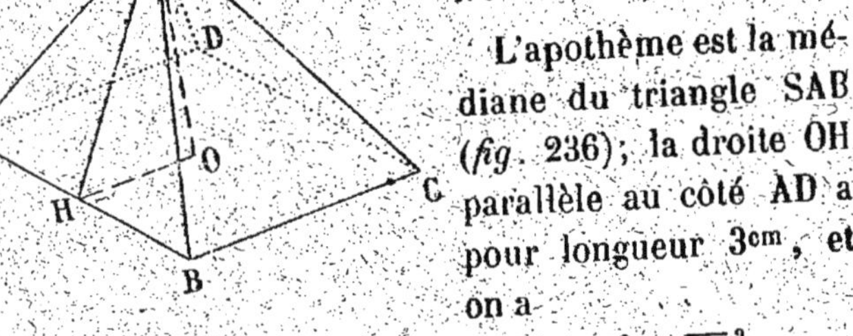

$$\overline{SH}{}^2 = \overline{SO}{}^2 + \overline{OH}{}^2$$
$$= 16 + 9 = 25,$$

d'où $\qquad SH = 5.$

L'aire latérale est

$$\frac{5}{2}(AB + BC + CD + DA) = \frac{5}{2} \times 24 = 60\text{cm}^2.$$

L'aire de la base étant $6^2 = 36\text{cm}^2$, l'aire totale est 96cm².

Exemple II. — *On coupe la pyramide précédente par un plan parallèle à la base mené au milieu de la hauteur ; trouver l'aire totale du tronc de pyramide ainsi déterminé.*

L'apothème du tronc sera la moitié, $\frac{5}{2}$, de l'apothème de la pyramide ; le périmètre de la base supérieure sera la moitié de celui de la base de la pyramide, et son aire, le quart de l'aire de la base de la pyramide.

L'aire latérale est donc

$$\frac{5}{2} \times \frac{24 + 12}{2} = 45^{cmq}$$

et l'aire totale sera

$$45 + 36 + 9 = 90^{cmq}.$$

Volumes.

256. L'unité de volume est le *mètre cube*, c'est un cube dont l'arête a pour longueur 1^m ; ses sous-multiples sont le *décimètre cube*, cube de 1^{dm} de côté, le *centimètre cube*, cube de 1^{cm} de côté, etc. ; ses multiples sont le *décamètre cubé*, cube de 1^{dam} de côté, etc. Mesurer un volume, c'est trouver combien il contient de mètres cubes ou de multiples et de sous-multiples du mètre cube ; cela ne veut pas dire que l'on pourra former le corps avec des cubes ayant des dimensions déterminées ; le même fait, que nous avons observé pour les aires, se présente ici. Ainsi, si un triangle rectangle a pour côtés 2^{cm} et 3^{cm}, son aire est 3^{cm2} et néanmoins en juxtaposant trois carrés de 1^{cm} de côté, on ne forme pas le triangle. De même que deux figures planes sont dites *équivalentes* si elles ont des aires égales, nous dirons que deux solides sont *équivalents*, s'ils ont des volumes égaux.

257. Volume du parallélépipède rectangle. Théorème. — *La mesure du volume d'un parallélépipède rectangle est égale au produit des nombres qui mesurent ses trois arêtes.*

1° Supposons d'abord que les arêtes soient mesurées par des nombres entiers et aient pour longueurs 2^m, 3^m et 4^m; divisons-les en 2, 3 et 4 parties égales et menons par les points de division des plans parallèles aux faces oppo-

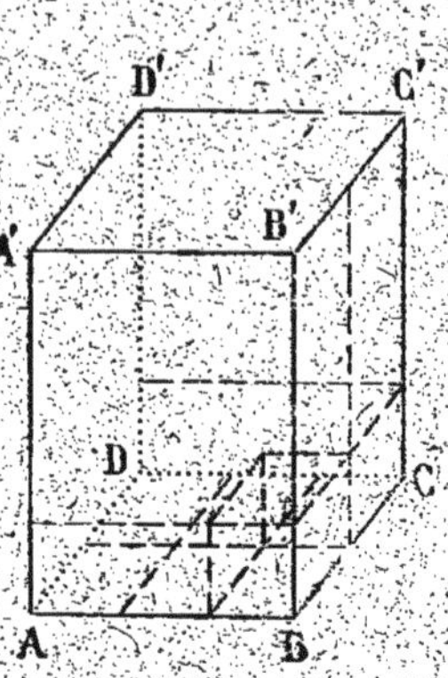

Fig. 237.

sées (*fig. 237*); la base ABCD est divisée en 2×3 carrés ayant 1^m de côté et les plans parallèles à ABB'A', BCC'B' partagent alors le corps en 2×3 bandes qui sont elles-mêmes partagées en cubes par les plans parallèles à ABCD; ces cubes ont pour arête 1^m et leur nombre est

$$2 \times 3 \times 4;$$

le volume du parallélépipède est donc mesuré par 24, c'est-à-dire que ce corps est équivalent à la réunion de 24 mètres cubes.

2° Soient, en second lieu, $\dfrac{2}{3}$, $\dfrac{1}{4}$ et $\dfrac{5}{7}$ les nombres qui mesurent les arêtes; nous pouvons réduire ces fractions au même dénominateur et nous avons ainsi $\dfrac{56}{84}$, $\dfrac{21}{84}$ et $\dfrac{60}{84}$; si l'on partage les arêtes respectivement en 56, 21 et 60 parties égales, toutes ces parties seront le $\dfrac{1}{84}$ du mètre et le corps sera décomposé en cubes par des plans parallèles aux faces menés par les points de division; tous ces cubes auront pour côté $\dfrac{1}{84}$ de mètre et leur nombre sera égal à $56 \times 21 \times 60$.

D'autre part, si l'on divise les arêtes du mètre cube en 84 parties égales, on le partage en $84 \times 84 \times 84$ cubes égaux aux précédents ; chacun d'eux est donc $\dfrac{1}{84 \times 84 \times 84}$ de mètre cube et le parallélépipède équivaut à $56 \times 21 \times 60$ fois la $\dfrac{1}{84 \times 84 \times 84}$ partie du mètre cube ; son volume est donc mesuré par

$$\frac{56 \times 21 \times 60}{84 \times 84 \times 84} = \frac{56}{84} \times \frac{21}{84} \times \frac{60}{84} = \frac{2}{3} \times \frac{1}{4} \times \frac{5}{7}.$$

REMARQUE I. — Les longueurs des arêtes sont appelées les dimensions du parallélépipède et on peut dire sous forme abrégée que le *volume est le produit des trois dimensions*.

REMARQUE II. — Le cube a ses trois dimensions égales et son volume est mesuré par le cube du nombre qui mesure son arête ; ainsi le volume du décimètre cube est $\dfrac{1}{10^3}$; c'est la millième partie du mètre cube.

REMARQUE III. — Comme nous l'avons fait observer à propos des aires, il faut toujours avoir soin de mesurer les longueurs avec une même unité et de représenter le volume avec l'unité correspondante.

Il est évident que l'on pourrait répéter tout ce qui précède en prenant pour unité de longueur le décimètre, mais alors l'unité de volume devrait être le décimètre cube. D'une façon générale, le théorème établi plus haut sera exact, si l'on a soin de prendre pour unité de volume le cube dont l'arête est l'unité de longueur.

258. Volume du parallélépipède droit. Théorème. — *Le volume d'un parallélépipède droit est mesuré par le produit des nombres qui mesurent sa base et sa hauteur.*

Considérons le parallélépipède droit ABCDA'B'C'D'

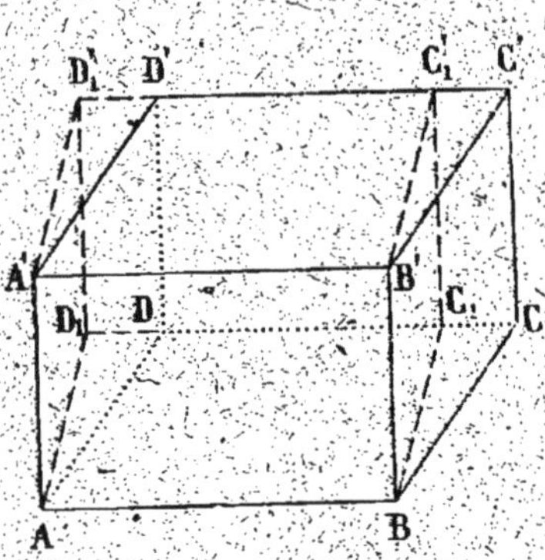

Fig. 238.

(*fig.* 238) dont la base est le parallélogramme ABCD et menons BC_1 et AD_1 perpendiculaires à CD ; nous formons un rectangle BC_1D_1A équivalent à ABCD. Les plans $B'BC_1$ et $A'AD_1$ sont alors parallèles et déterminent un parallélépipède rectangle $ABC_1D_1A'B'C_1'D_1'$ qui a avec le premier une partie commune $ABC_1DA'B'C_1'D'$; les parties non communes $BCC_1B'C'C_1'$ et $ADD_1A'D'D_1'$ se déduisent l'une de l'autre par une translation le long de AB et sont égales ; il en résulte que les deux parallélépipèdes sont équivalents ; le second a pour mesure le produit

$$AB \times BC_1 \times BB' ;$$

Or, $AB \times BC_1$ est l'aire du parallélogramme ABCD et BB' est la hauteur du parallélépipède ; le volume est donc mesuré par le produit des nombres qui mesurent la base et la hauteur.

259. Volume du parallélépipède quelconque. Théorème. — *Le volume d'un parallélépipède est mesuré par le produit des nombres qui mesurent sa base et sa hauteur.*

Nous supposerons d'abord que deux faces opposées ADD'A', BCC'B' sont perpendiculaires au plan de base ABCD (*fig.* 239). Si l'on mène par A'B' et C'D' les plans perpendicu laires à la base, on détermine un parallélépipède droit

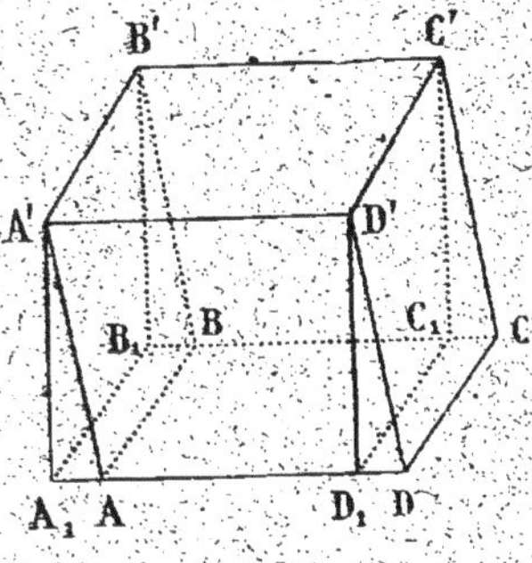

A'B'C'D'A₁B₁C₁D₁, dont la base est $A_1B_1C_1D_1$, ou A'B'C'D', ou encore le parallélogramme égal A B D ; sa hauteur est celle du premier parallélépipède ; d'après le théorème précédent, son volume est le produit des nombres qui mesurent AB D et la hauteur. Il suffit donc de démontrer que le premier parallélépipède est équivalent à A'B'C'D'A₁B₁C₁D₁.

Fig. 239.

Ces deux corps ont une partie commune et des parties non communes ABA₁B₁A'B' et CDC₁D₁C'D', qui se déduisent l'une de l'autre par une translation égale à A₁D₁; elles sont égales et les deux parallélépipèdes sont équivalents.

Supposons en second lieu que ABCDA'B'C'D' soit quelconque. Si l'on mène par A'B' et C'D' les plans perpendiculaires à la base, on forme un parallélépipède dont deux faces opposées A'B'B₁A₁ et C'D'D₁C₁ sont perpendiculaires au plan de base et on voit comme précédemment qu'il est équivalent au premier. Il en résulte que ABCDA'B'C'D' a pour volume le produit de A₁B₁C₁D₁ ou de A'B'C'D', qui lui est égal, par la hauteur.

260. Volume du prisme. Théorème. — *Le volume d'un prisme est mesuré par le produit des nombres qui mesurent sa base et sa hauteur.*

Considérons un prisme dont la base est un polygone convexe ABCD (*fig.* 240) ; nous pouvons tracer une série de parallèles à une droite Δ et une autre série de parallèles à une droite Δ', qui forment des parallélogrammes intérieurs à la base ABCD ; pour fixer les idées, nous pouvons supposer ces parallèles équidistantes. Si l'on considère les losanges intérieurs, leur somme diffère de moins en moins de l'aire

la base, quand on double indéfiniment le nombre des parallèles dans les deux sens;
menons maintenant par les
sommets de ces losanges des
parallèles aux arêtes du prisme et limitons-les à la base
supérieure; la somme des parallélépipèdes ainsi obtenus
différera du volume du prisme aussi peu qu'on le voudra
quand on doublera indéfiniment le nombre des parallèles au plan de base; or,
chaque parallélépipède a
pour hauteur la hauteur du
prisme, de sorte que, si on
la désigne par h, le volume
de l'ensemble des parallélé-
pipèdes est le produit par h de la somme des aires des losanges et la limite vers laquelle tend le volume est le produit par h de l'aire ABCD, limite de la somme des aires des
losanges.

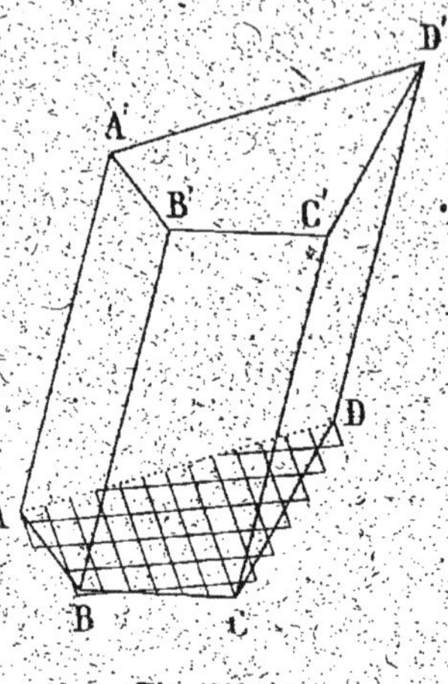

Fig. 240.

261. Volume de la pyramide. Théorème. — *Le volume
d'une pyramide est mesuré par le tiers du produit des nombres qui mesurent sa base et sa hauteur.*

Nous admettrons ce théorème.

Corollaire I. — *Deux pyramides qui ont des bases équivalentes et même hauteur sont équivalentes.*

Corollaire II. — *Le volume d'une pyramide ne change
pas si on déplace son sommet sur un plan parallèle à la
base.*

En effet le sommet reste alors à une distance fixe du
plan de base; la hauteur est donc constante.

262. Applications. — I. — *Une pyramide a pour base un carré de 3^m de côté et pour hauteur 5^m; trouver son volume. On coupe cette pyramide par un plan parallèle à la base et à la distance 2^m du sommet; trouver le volume du tronc ainsi déterminé.*

1° Le volume de la pyramide est $\dfrac{3^2 \times 5}{3} = 15^{m3}$.

2° La pyramide que l'on supprime a pour hauteur 2^m; pour calculer sa base S', nous remarquerons qu'elle est liée à la base S donnée par la relation

$$\frac{S'}{S} = \frac{2^2}{5^2}, \qquad \text{ou} \qquad S' = S \times \frac{4}{25} = \frac{36}{25}.$$

Son volume est donc

$$\frac{36}{25} \times \frac{2}{3} = \frac{24}{25},$$

et le volume du tronc est

$$15 - \frac{24}{25} = 14^{m3},040.$$

II. — *Les bases d'un tronc de pyramide ont pour aires 3^{m2} et 7^{m2} et sa hauteur est 3^m; trouver son volume.*

Cherchons les hauteurs x et y des pyramides dont le tronc est la différence; on sait que les aires des bases sont proportionnelles aux carrés de x et y et que la hauteur du tronc est la différence $x - y$; on a donc

$$\begin{cases} x - y = 3 \\ \dfrac{x^2}{y^2} = \dfrac{7}{3} \end{cases} \qquad \text{ou} \qquad \begin{cases} x - y = 3 \\ \dfrac{x}{y} = \dfrac{\sqrt{7}}{\sqrt{3}} \end{cases}.$$

On en déduit

$$x = y \frac{\sqrt{7}}{\sqrt{3}} \qquad \text{et} \qquad y \frac{\sqrt{7}}{\sqrt{3}} - y = 3,$$

$$y = \frac{3\sqrt{3}}{\sqrt{7} - \sqrt{3}} \qquad \text{et} \qquad x = \frac{3\sqrt{7}}{\sqrt{7} - \sqrt{3}}.$$

Les volumes des pyramides sont

$$\frac{7\sqrt{7}}{\sqrt{7} - \sqrt{3}} \qquad \text{et} \qquad \frac{3\sqrt{3}}{\sqrt{7} - \sqrt{3}},$$

et le volume du tronc sera

$$\frac{7\sqrt{7}}{\sqrt{7} - \sqrt{3}} - \frac{3\sqrt{3}}{\sqrt{7} - \sqrt{3}} = \frac{7\sqrt{7} - 3\sqrt{3}}{\sqrt{7} - \sqrt{3}}.$$

Pour calculer plus aisément cette valeur, nous multiplions les deux termes par $\sqrt{7} + \sqrt{3}$, ce qui donne

$$\frac{(7\sqrt{7} - 3\sqrt{3})(\sqrt{7} + \sqrt{3})}{(\sqrt{7} - \sqrt{3})(\sqrt{7} + \sqrt{3})} = \frac{7^2 + 7\sqrt{21} - 3\sqrt{21} - 3^2}{7 - 3}$$

$$= \frac{40 + 4\sqrt{21}}{4} = 10 + \sqrt{21},$$

ou, en calculant à 1^{dm^3} près, $14^{\text{m}^3},582$.

263. Volume du tronc de prisme triangulaire. Théorème.

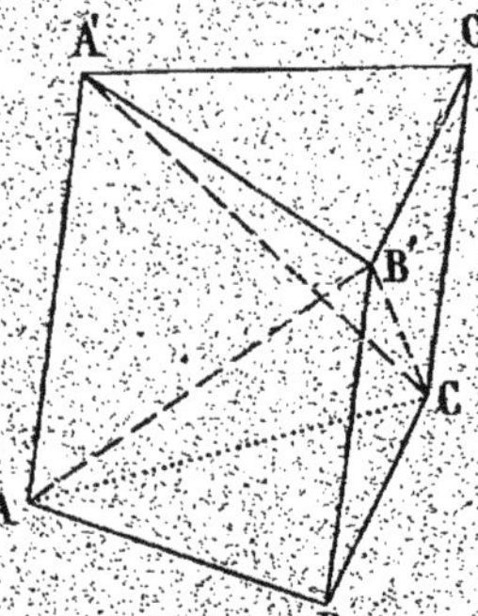

Fig. 241.

— *Le volume d'un tronc de prisme triangulaire est la somme des volumes de trois pyramides ayant pour base une base du tronc et pour sommets respectifs les sommets de l'autre base du tronc.*

Soit le tronc de prisme triangulaire ABCA'B'C' (*fig.* 241); menons le plan B'AC, il partage le corps en une pyramide triangulaire de base ABC et de sommet B' et une pyramide quadrangulaire de base ACC'A' et de sommet B'. Le plan B'A'C partage cette dernière en deux autres de bases respectives A'AC, A'C'C et de sommet B'. Si dans la première, on déplace B' en B sur la parallèle BB' à sa base, on forme une pyramide équivalente BAA'C que l'on peut considérer comme ayant pour sommet A' et pour base ABC. Enfin, dans la pyramide B'A'C'C qui reste, on peut déplacer B' en B sur la parallèle BB' à sa base et on obtient la pyramide équivalente BA'C'C dans laquelle on peut prendre pour sommet A' et pour base le triangle BCC'; amenons alors A' en A en le déplaçant sur AA' parallèlement à la base; nous avons finalement la pyramide ABCC' équivalente, et sa base étant ABC, son sommet sera C'.

Application. — *Un rectangle* ABCD *a pour dimensions* AB = 4^{cm}, BC = 3^{cm}; *des sommets on mène à son plan les perpendiculaires* AA', BB', CC', DD' *de longueurs* 1^{cm}, 2^{cm}, 3^{cm}, 5^{cm}; *trouver le volume du corps ainsi formé* (fig. 242).

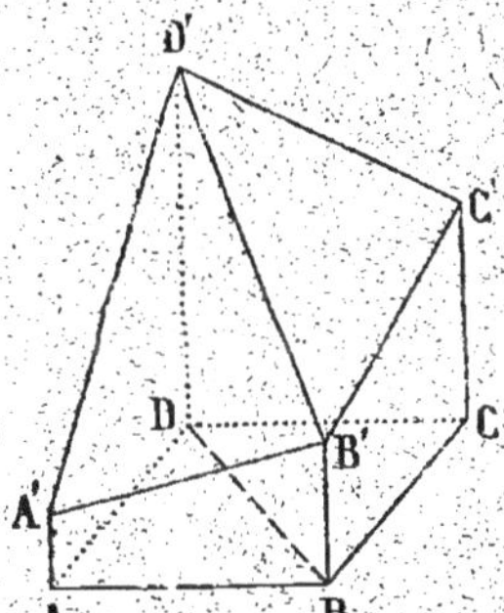

Le plan BDD'B' partage ce corps en deux troncs de prisme triangulaire de bases égales à

$$\frac{4 \times 3}{2} = 6^{cm^2}.$$

Fig. 242.

Le volume du tronc ABDA'B'D' est

$$\frac{6 \times 1}{3} + \frac{6 \times 2}{3} + \frac{6 \times 5}{3} = 16^{cm^3}.$$

Le volume du tronc BCDB'C'D' est

$$\frac{6 \times 2}{3} + \frac{6 \times 3}{3} + \frac{6 \times 5}{3} = 20^{cm^3}.$$

Le volume total est donc 36$^{cm^3}$.

Exercices numériques.

1. Une pyramide régulière a pour base un hexagone de 1^m de côté, sa hauteur est $3^m,25$; trouver l'aire totale et le volume.

2. On coupe cette pyramide par un plan parallèle à la base à 1^m du sommet ; trouver l'aire totale de la pyramide ainsi formée et celle du tronc obtenu en détachant cette pyramide ; trouver leurs volumes.

3. Une pyramide à base carrée a son sommet sur une perpendiculaire au plan de base menée en un sommet du carré ; trouver son volume et son aire totale, sachant que le côté du carré est 12^m et la hauteur 9^m.

4. A quelle distance du sommet faut-il mener un plan parallèle à la base, pour que le tronc de pyramide formé ait un volume qui soit les $\dfrac{98}{125}$ de celui de la pyramide ? Trouver l'aire totale du tronc.

5. Une citerne a la forme d'un parallélépipède rectangle ; le fond est un carré de $1^m,20$ de côté et la hauteur est $1^m,60$; le fond et les parois sont garnis de revêtements en briques de $0^m,15$ d'épaisseur ; trouver le volume de la maçonnerie.

6. Un mur a la forme d'un parallélépipède rectangle ; sa longueur est 12^m, sa hauteur 3^m et son épaisseur $0^m,30$; il est percé d'une porte de $1^m,20$ de largeur et de $1^m,90$ de hauteur ; trouver le volume de la maçonnerie.

7. Une pièce a la forme d'un prisme dont la base est un pentagone dont les côtés ont 5^m, $3^m,25$, 4^m, 2^m et $2^m,50$; la hauteur est 3^m ; les plinthes qui garnissent la partie inférieure des murs ont 15^{cm} de hauteur ; dans les murs sont pratiquées deux ouvertures de $2^m,40$ de hauteur et de $1^m,40$ de largeur ; déterminer la surface sur laquelle on pourra coller du papier.

8. Un prisme a pour base un triangle équilatéral de 25^{cm} de côté ; ses arêtes ont pour longueur 12^{cm} et sont inclinées à 60° sur le plan de base ; trouver son volume.

9. Un prisme a pour base un rectangle de côtés 18^m et 24^m, les arêtes inclinées à 30° sur le plan de base y sont projetées suivant

les grands côtés du rectangle ; trouver le volume et l'aire totale, sachant que les arêtes ont pour longueur 16^m.

10. Quel est le côté d'un carré qui sert de base à une pyramide de hauteur 15^{cm} et de volume 11^{cm3},23 ; trouver son aire totale, en supposant qu'elle soit régulière.

11. Les arêtes SA, SB, SC d'une pyramide triangulaire sont deux à deux rectangulaires et ont pour longueur 3^{dm}, 4^{cm}, 3^{cm} ; trouver le volume, l'aire totale et la hauteur issue de S.

12. Une pyramide a pour base un polygone de 25^{m2} ; sa hauteur est 3^m ; on coupe cette pyramide par un plan de façon que la section ait 4^{m2} ; trouver la hauteur et le volume du tronc ainsi obtenu.

13. Un parallélépipède rectangle a pour aire latérale 89^{dm2},6 et pour aire totale 145^{dm2},1 ; trouver ses dimensions et son volume sachant qu'un côté de la base a 0^m,37.

14. Un tronc de prisme a pour base un triangle rectangle dont un côté de l'angle droit a 44^{cm} et l'hypoténuse 55^{cm} ; les arêtes sont perpendiculaires au plan de base ; trouver son volume et son aire totale sachant que les arêtes issues des sommets adjacents au côté de l'angle droit donné sont égales à 24^{cm} et que l'autre arête est égale à 35^{cm}.

15. Par les sommets d'un hexagone régulier, on mène des perpendiculaires au plan de cet hexagone, et on porte sur ces droites les longueurs 1^m, 2^m, 3^m, 4^m, 5^m, 6^m ; trouver le volume du corps ainsi obtenu, le côté de l'hexagone ayant 1^m ; trouver également son aire latérale.

16. On donne un losange ABCD dont les diagonales ont pour longueurs 12^{cm} et 16^{cm} ; par les sommets, on mène des droites qui se projettent sur le plan du losange parallèlement à la grande diagonale et qui sont inclinées à 30° sur le plan du losange ; l'extrémité A' d'une de ces droites AA' est projetée au centre de losange ; les droites issues de B et D ont pour longueurs 12^{cm} ; déterminer la longueur de la droite issue de C de façon que la figure obtenue soit un tronc de prisme et calculer son volume.

17. Un tronc de prisme a pour base un carré ABCD de 2^m de côté ; les arêtes sont perpendiculaires à la base ; on a BB' = DD' = 10^m et l'aire de la base supérieure est 8^{mq}. Trouver le volume du tronc et son aire totale.

Théorèmes et Problèmes.

1. Si la section plane d'une pyramide ou d'un prisme a deux côtés non parallèles entre eux et parallèles à deux côtés de la base, la section est semblable ou égale à la base.

2. On coupe un prisme ou une pyramide par un plan quelconque ; démontrer que les côtés de la section rencontrent les côtés de la base situés dans les mêmes faces en des points en ligne droite ; en déduire que si deux polygones d'un même nombre de côtés et situés dans un même plan sont tels que les droites qui joignent leurs sommets deux à deux soient concourantes ou parallèles, les côtés se coupent deux à deux sur une même droite.

3. Couper une pyramide convexe à base quadrangulaire par un plan de façon que la section soit un parallélogramme. La base étant fixe, trouver le lieu du sommet de façon que la section précédente soit un losange, le sommet étant assujetti à se déplacer dans un plan qui passe par les points de rencontre des côtés opposés de la base.

4. Les diagonales d'un parallélépipède rectangle sont égales ; calculer leur valeur, connaissant les longueurs des arêtes.

5. Mener par le centre d'un cube une droite limitée aux faces du cube et de longueur donnée.

6. Par le centre d'un cube, on mène un plan perpendiculaire à une diagonale ; démontrer que la section est un hexagone régulier.

7. Trouver les lieux des points de rencontre des hauteurs, des bissectrices, des médianes, du centre du cercle circonscrit dans les sections faites dans un prisme triangulaire par des plans parallèles à la base.

8. Si dans un prisme quadrangulaire, deux faces latérales sont parallèles et égales, le prisme est un parallélépipède.

9. Si dans un prisme quadrangulaire, les faces opposées sont deux à deux parallèles ou deux à deux égales, le prisme est un parallélépipède.

10. Trouver le lieu des centres des parallélépipèdes dont une base est fixe, l'arête latérale étant assujettie à être parallèle à un plan fixe ; quel est le lieu si l'arête a, de plus, une longueur constante.

11. La base d'un prisme est fixe ; un sommet décrit une droite ou un cercle ; trouver les lieux des autres sommets.

12. Étant données trois droites non situées dans un même plan et non parallèles à un même plan, construire un parallélépipède dont trois arêtes soient dirigées suivant ces droites.

13. Étant données trois droites SX, SY, SZ non situées dans un même plan et une droite SA intérieure à l'angle polyèdre S, construire un parallélépipède de diagonale SA et dont trois arêtes soient dirigées suivant SX, SY, SZ.

14. Dans un tétraèdre, les droites qui joignent les milieux des arêtes opposées concourent en un même point, milieu de chacune d'elles ; les droites qui joignent les sommets aux points de rencontre des médianes des faces opposées passent par ce point.

15. Dans un tétraèdre, aux faces égales correspondent des hauteurs égales.

16. Trouver les lieux du point de rencontre des médianes, des hauteurs, des centres des cercles circonscrit, inscrit et exinscrits, des sections faites dans un tétraèdre parallèlement à la base.

17. On coupe un tétraèdre par un plan passant par une arête ; trouver le lieu du point de rencontre des médianes et des pieds des hauteurs de la section.

18. La section faite dans un tétraèdre par un plan parallèle à deux arêtes opposées est un parallélogramme ; peut-elle être un losange, un rectangle, un carré ? Montrer que les arêtes sont partagées par le plan en parties proportionnelles.

19. Sur trois droites parallèles non situées dans un même plan, on porte trois longueurs égales à une longueur donnée ; démontrer que le prisme ainsi formé a un volume indépendant de la position de ces longueurs.

20. Le volume d'un prisme triangulaire a pour mesure la moitié du produit de l'aire d'une face latérale par la distance de l'arête opposée à cette face.

21. Démontrer que si deux prismes ont pour bases des polygones semblables et même hauteur, le rapport de leurs volumes est égal au carré du rapport des côtés homologues des bases.

22. Un prisme a une base fixe et la longueur de l'arête constante, trouver les lieux des extrémités des arêtes, sachant que le volume est constant.

23. Si l'on coupe un parallélépipède droit par un plan, le volume du tronc ainsi déterminé est le produit de la base par la moyenne arithmétique des arêtes.

24. Le volume d'un tétraèdre est le sixième du volume du parallélépipède construit sur deux arêtes opposées.

25. Sur une droite on porte une longueur donnée AB et sur deux droites parallèles à la première, on prend deux points C et D; démontrer que le tétraèdre ABCD a un volume indépendant de la position des points A, B, C, D et proportionnel à AB.

26. Trouver à l'intérieur d'un tétraèdre un point tel qu'en le joignant aux sommets, on décompose le tétraèdre en quatre parties équivalentes.

27. Tout plan mené par les milieux de deux arêtes opposées d'un tétraèdre le partage en deux parties équivalentes.

28. Si l'on joint deux à deux les centres des faces d'un cube, on forme un polyèdre dont le volume est le sixième de celui du cube.

29. Si l'on joint un point O intérieur à un tétraèdre ABCD et si A', B', C', D' sont les points de rencontre des droites AO, BO, CO, DO avec les faces opposées, on a

$$\frac{A'O}{AA'} + \frac{B'O}{BB'} + \frac{C'O}{CC'} + \frac{D'O}{DD'} = 1.$$

30. Partager un tétraèdre, par un plan passant par une arête, en deux parties qui soient dans un rapport donné.

CHAPITRE III

CONES ET CYLINDRES

---

264. Définitions. — Soit une courbe plane fermée et un point S non situé dans son plan (*fig.* 243) ; si on assujet-

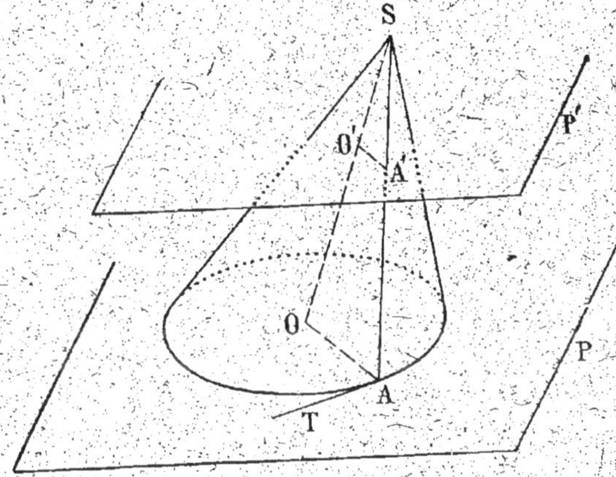

Fig. 243.

tit une droite issue de S à rencontrer la courbe, cette droite décrit une *surface conique* et le solide limité par cette surface et le plan de la courbe est un *cône*. S en est le *sommet*, la courbe en est la *base* ; la droite qui décrit la surface conique est une *arête* ou une *génératrice* ; la distance du sommet au plan de base est la *hauteur*.

On distingue les cônes d'après la nature de leur base ;

si cette base est un cercle, on dit que le cône est à *base circulaire*.

Dans le cas particulier où le sommet est situé sur la perpendiculaire menée du centre du cercle à son plan, le cône est dit *droit*; toutes ses arêtes sont égales, comme s'écartant également du pied de la perpendiculaire abaissée du sommet; on peut donc considérer la surface comme engendrée par le mouvement de rotation d'une droite qui passe par S et qui tourne autour de la perpendiculaire menée de S au plan de base; cette droite est appelée *axe* du cône et la longueur constante de l'arête est l'*apothème*; le cône est dit de *révolution*.

265. Cône à base circulaire. — Soit O le centre du cercle de base et S le sommet d'un tel cône (*fig.* 243); si l'on mène un plan P′ parallèle au plan de base, il rencontre la droite SO en un point O′ et une génératrice SA en A′; les droites O′A′ et OA sont parallèles et leur rapport est égal au rapport des distances du point S aux plans P et P′; il en résulte que, OA étant constant, O′A′ est constant et la section est un cercle de centre O′.

Dans le cas particulier du cône de révolution, tous les centres sont sur l'axe et un point quelconque d'une génératrice décrit un cercle dont le plan est perpendiculaire à l'axe; ce cercle est appelé un *parallèle*.

266. Définitions. — Par les différents points d'une courbe plane (*fig.* 244), menons des parallèles à une direction donnée non située dans le plan de la courbe et limitons ces droites à une même distance de leurs pieds, nous formons une surface appelée *surface cylindrique* et un solide limité

au plan de la courbe, à la surface cylindrique et au plan
parallèle à la courbe, qui contient les extrémités des
droites ; ce solide est
un *cylindre* ; les deux
courbes qui le limitent
sont les *bases* ; la droite
parallèle à la direction
donnée est une *généra-
trice* ou une *arête* ; la
distance des plans des
bases est la *hauteur*.

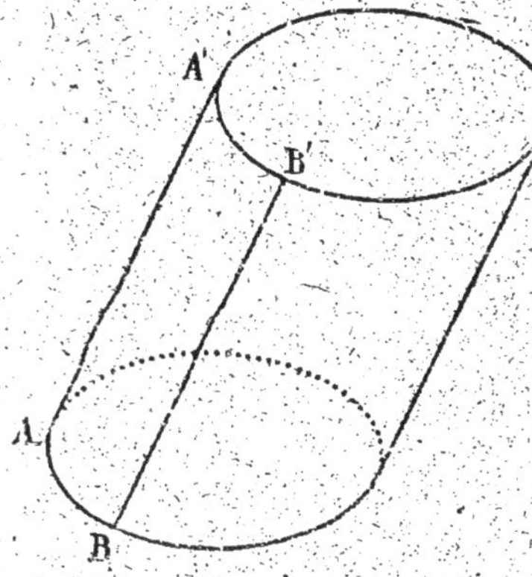

Fig. 244.

On distingue les cylin-
dres d'après la nature de
la courbe de base ; nous
pouvons remarquer que
toutes les sections parallèles au plan de base ne sont autre
chose que la courbe de base transportée par translation ;
elles sont toutes égales ; en particulier, les deux bases sont
égales. Un cylindre est *droit* si ses arêtes sont perpendiculaires aux plans des bases ; elles sont égales à la hauteur ;
dans le cas contraire, le cylindre est *oblique* et ses arêtes,
encore égales entre elles, sont plus grandes que la hauteur ; leur longueur commune est appelée l'*apothème* du
cylindre.

Le cylindre *droit à base circulaire* peut être engendré
par le mouvement d'une droite qui tourne autour d'une
droite Δ qui lui est parallèle ; tous ses points décrivent
des cercles ayant leurs centres sur la droite Δ, qui est
appelée l'*axe* du cylindre ; le cylindre est aussi appelé
cylindre de révolution.

267. Exemples de surfaces cylindriques et coniques. —
On rencontre très souvent dans la nature ou dans l'indus-
trie de telles surfaces; un arbre a dans sa partie inférieure
à peu près la forme cylindrique ou la forme d'un tronc de
cône, c'est-à-dire d'un cône coupé par un plan parallèle
à la base; un entonnoir a la forme d'un tronc de cône
prolongé par un tube cylindrique. La distribution des
eaux, du gaz, se fait au moyen de tubes cylindriques
creux sur lesquels se branchent d'autres cylindres creux
de moindre diamètre; les voûtes des tunnels, des ponts,
sont généralement constituées par des portions de cylindres
droits à base circulaire. Les fils métalliques ont aussi la
forme de cylindres droits à base circulaire; on les obtient
au moyen d'un appareil appelé *filière* qui n'est autre chose
qu'une plaque métallique très dure percée d'un trou ayant
la forme de la section droite que l'on veut donner au fil;
si on oblige le fil à passer dans ce trou, il s'étirera et
toutes ses sections prendront la forme du trou; le fil sera

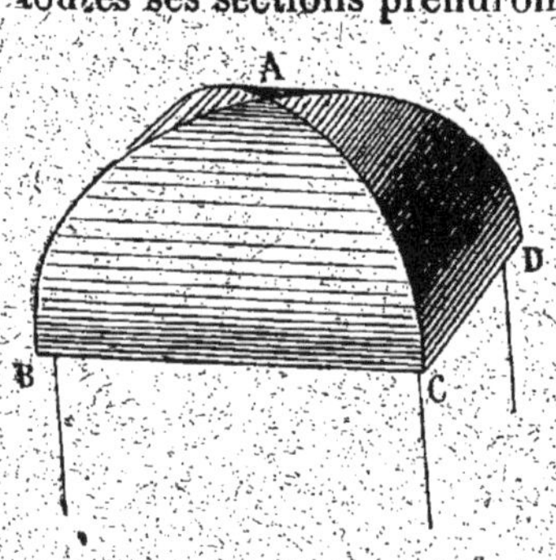

Fig. 245.

donc bien cylindrique,
puisqu'une section se dé-
duit d'une autre par une
translation.

On rencontre la forme
cylindrique dans certaines
constructions telles que les
voûtes, les toitures; celle
que nous représentons ici
(*fig.* 245) est constituée par
quatre portions de deux
cylindres de révolution égaux dont les axes sont dirigés
suivant les parallèles aux côtés BC, CD de la base de la

toiture ; les deux cylindres se coupent suivant deux ellipses, dont AC, AB, AD sont des arcs.

Enfin, notons que dans les engrenages, les roues dentées sont disposées le plus souvent suivant des génératrices de cônes ou de cylindres de révolution, qui ont à chaque instant une génératrice commune.

Aires et volumes.

268. Développement d'un cylindre. — Considérons un cylindre droit et inscrivons dans la base un polygone ABCDEF, par les sommets duquel nous mènerons les géné-

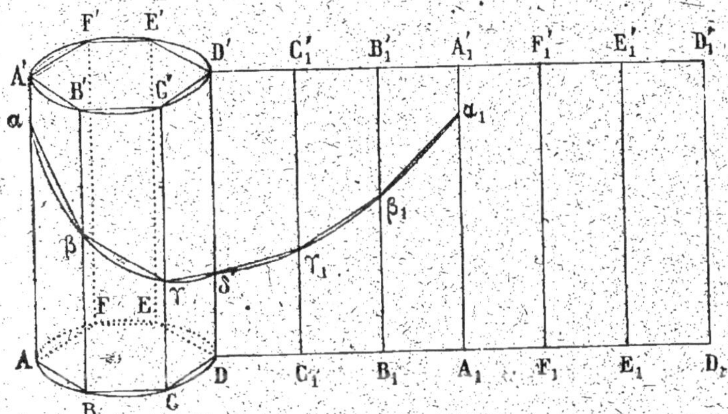

Fig. 246.

ratrices AA', BB', ...; nous formons ainsi un prisme droit que l'on dit *inscrit* dans le cylindre (*fig.* 246). Si l'on imagine que les faces du prisme soient munies de charnières placées le long des arêtes, on pourra faire tourner ces faces de façon à les amener toutes dans le plan de l'une d'elles, on obtient ainsi la figure DD'D,D' qui est un rectangle appelé le *développement* de la surface latérale du prisme. Il est manifeste que si l'on a tracé un polygone $\alpha\beta\gamma\delta$ sur le prisme, il fournit dans le développement un nouveau polygone $\alpha_1\beta_1\gamma_1\delta$ qui a même longueur que le premier, et que les angles formés par ses côtés avec les arêtes du prisme sont égaux aux angles formés dans le développement par ces mêmes lignes.

Imaginons maintenant que l'on augmente indéfiniment les côtés du polygone de base ; on aura un prisme inscrit qui différera de moins en moins du cylindre et le développement ne sera alors à la limite autre chose que ce que l'on obtiendrait en coupant la surface cylindrique suivant une arête et en la déroulant sur un plan ; une courbe $\alpha\beta\gamma\delta$ fournira une nouvelle courbe $\alpha_1\beta_1\gamma_1\delta$ et comme leurs longueurs sont les limites des lignes polygonales inscrites qui sont constamment égales, ces longueurs seront égales. En outre, l'angle d'une tangente à la courbe tracée sur le cylindre avec une génératrice est égal à l'angle de la tangente au développement de cette courbe avec le développement de la génératrice ; on exprime ces deux propriétés en disant que *les longueurs et les angles sont conservés dans le développement d'une surface cylindrique.*

269. Application. — L'aire latérale du cylindre sera alors l'aire du rectangle obtenu dans le développement ; ce rectangle a pour base la longueur du périmètre de base du cylindre et pour hauteur la hauteur du cylindre ; on en conclut que *l'aire latérale d'un cylindre droit est me-*

surée par le produit des nombres qui mesurent la circonfé-rence de base et la hauteur.

En particulier, si la base est un cercle de rayon R et la hauteur h, l'aire latérale est $2\pi Rh$; l'aire totale est alors l'aire précédente augmentée des aires des bases ou

$$2\pi Rh + 2\pi R^2 = 2\pi R(R + h).$$

270. Volume d'un cylindre. — Si l'on considère un cylindre droit ou oblique, on peut décomposer sa base en une série de losanges et répéter mot pour mot ce qui a été dit au sujet du volume du prisme ; on peut donc énoncer la proposition suivante : *le volume d'un cylindre est mesuré par le produit des nombres qui mesurent l'aire de sa base et sa hauteur.*

En particulier, si la base est un cercle de rayon R et la hauteur h, on a

$$V = \pi R^2 h.$$

271. Développement d'un cône. — Considérons un cône et inscrivons dans la base un polygone ABCDE (*fig.* 247) ; joignant les points A, B, C, D, E, au sommet S, on forme une pyramide qui est dite *inscrite* dans le cône.

On peut encore effectuer pour la pyramide et pour le cône un développement analogue à celui que nous avons effectué pour le prisme et le cylindre, et tout ce que nous avons dit à ce sujet est valable ici.

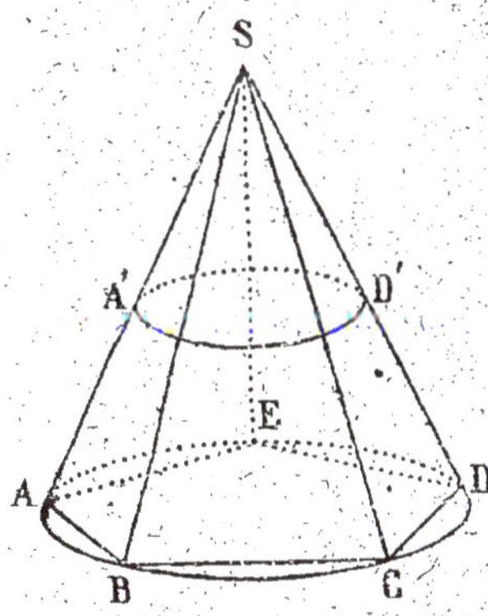

Fig. 247.

Le cône aura un développement qui sera constitué par un arc de courbe, provenant de la base, et deux droites, limitées à leur point commun et aux extrémités de cet

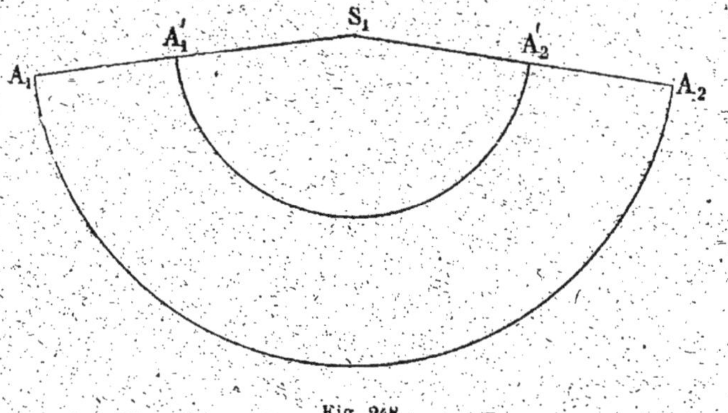

Fig. 248.

arc (*fig.* 248) ; ces droites correspondront à la génératrice suivant laquelle on a fendu la surface latérale du cône.

L'aire latérale du cône sera alors l'aire limitée par ce développement. Considérons le cas d'un cône de révolution de rayon R et d'apothème a ; toutes les génératrices étant égales se développeront suivant des droites égales issues du sommet S₁ et le contour du développement sera un arc de cercle de rayon a et de longueur $2\pi R$; l'aire sera donc πRa : *l'aire latérale d'un cône de révolution est mesurée par le demi-produit des nombres qui mesurent la circonférence de base et l'apothème.*

Supposons maintenant que l'on ait coupé le cône suivant un cercle parallèle à la base ; nous aurons un *tronc de cône* A'D'DA (*fig.* 247) dont l'aire latérale sera la différence des aires latérales des deux cônes SAD, SA'D' ou

$$\pi R \times SA - \pi R' \times SA',$$

R' étant le rayon de la petite base ; or, on a

$$\frac{SA'}{SA} = \frac{R'}{R} \qquad \text{or} \qquad \frac{SA'}{SA - SA'} = \frac{R'}{R - R'},$$

$$SA' = R'\frac{AA'}{R - R'} \qquad \text{et} \qquad SA = R\frac{AA'}{R - R'}.$$

L'aire est donc, en appelant a' l'apothème AA',

$$\pi R^2 \frac{a'}{R - R'} - \pi R'^2 \frac{a'}{R - R'} = \pi a' \frac{R^2 - R'^2}{R - R'}$$
$$= \pi a'(R + R') = \pi R a' + \pi R' a'.$$

L'aire latérale d'un tronc de cône est mesurée par le demi-produit des nombres qui mesurent l'apothème et la somme des circonférences des bases.

272. Volume du cône. — *Le volume d'un cône est mesuré par le tiers du produit des nombres qui mesurent l'aire de la base et la hauteur.*

Nous admettrons ce théorème, qui conduit aux mêmes conséquences que pour la pyramide.

Exercices numériques (¹).

1. Un cylindre de révolution a pour rayon de base 3^{cm} et pour hauteur 12^{cm} : trouver son aire totale et son volume.

2. Un cylindre de révolution a pour hauteur 15^{cm} ; son volume est $753^{cm3},6$; trouver son rayon de base et son aire totale.

3. L'aire latérale d'un cylindre de révolution est $100^{cm2},48$; sa hauteur est 8^{cm} ; trouver l'aire totale et le volume.

(¹) On prendra $\pi = 3,14$ dans les calculs suivants.

4. Un cylindre oblique a pour base un cercle ; trouver son rayon sachant que le volume est $369^{cm3},3$ et que l'arête, inclinée à 30° sur le plan de base, a pour longueur $7^{cm},5$.

5. Trouver le volume compris entre un cylindre de révolution de rayon 5^{cm} et de hauteur 10^{cm} et le prisme inscrit à base carrée.

6. Trouver la hauteur d'un cylindre de révolution de rayon 4^{cm}, sachant que le volume compris entre ce cylindre et le prisme inscrit à base hexagonale régulière est égal à 126^{cm3}.

7. Un cône a pour base un cercle de rayon 4^{cm} ; son volume est $50^{cm3},24$; trouver sa hauteur et la longueur d'une arête dont la projection sur le plan de base est égale à 1^{cm}.

8. Un cône de révolution a pour volume $100^{cm3},48$; sa hauteur est 6^{cm} ; trouver son aire totale.

9. L'aire latérale d'un tronc de cône est $62^{cm2},80$; l'apothème est 5^{cm} ; trouver sa hauteur et son aire totale, sachant que la différence des rayons des bases est 2^{cm}.

10. Un cône de révolution a pour base un cercle de rayon 6^{cm} et sa hauteur est 8^{cm} ; on le coupe par un plan parallèle à la base à 3^{cm} du sommet ; trouver le volume et l'aire totale du tronc ainsi déterminé.

11. L'aire totale d'un tronc de cône de révolution est $106^{cm2},76$, les rayons des bases sont 3^{cm} et 4^{cm} ; trouver l'apothème et le volume.

12. Le volume d'un cône de révolution est 245^{cm3} ; trouver son aire totale, sachant que l'apothème est double du rayon de base.

Théorèmes et Problèmes.

1. Si l'on coupe un cône de révolution par un plan passant par le sommet, l'angle des deux génératrices obtenues est maximum quand le plan contient l'axe.

2. Si un plan variable passant par le sommet d'un cône de révolution le coupe suivant deux génératrices dont l'angle est constant, la bissectrice de cet angle décrit un cône de révolution.

3. Trouver le lieu des milieux des cordes d'un cône de révolution perpendiculaires à l'axe et parallèles entre elles.

4. Trouver dans un cône oblique à base circulaire le lieu des milieux des cordes parallèles à une direction du plan de base.

5. Montrer que le plan, qui passe par le sommet d'un cône oblique à base circulaire et par le centre de la base et qui est perpendiculaire au plan de base, partage en deux parties égales les cordes qui lui sont perpendiculaires.

6. Démontrer que dans un cône oblique à base circulaire, les arêtes sont deux à deux égales et trouver le lieu du point de rencontre des médianes du triangle formé par les arêtes égales.

7. Trouver le lieu des milieux des cordes parallèles à une droite donnée du plan de base d'un cylindre à base circulaire.

8. Par une génératrice fixe A d'un cylindre à base circulaire, on mène un plan variable qui coupe le cylindre suivan une autre génératrice B ; quel est le lieu d'une parallèle équidistante des droites A et B.

9. Dans un cylindre oblique à base circulaire, le plan parallèle aux génératrices et perpendiculaire au plan de base mené par le centre de la base est un plan de symétrie.

10. On coupe un cylindre oblique à base circulaire par un plan perpendiculaire au plan de symétrie (9) et tel que sa trace sur ce plan et la trace du plan de base fassent le même angle avec la ligne qui joint les centres des bases; démontrer que la section est un cercle.

11. Par deux droites parallèles, on mène deux plans variables perpendiculaires entre eux ; trouver le lieu de leur intersection.

12. Même problème, en supposant que les plans fassent entre eux un angle constant.

13. Démontrer que si l'on fait tourner un rectangle autour de deux côtés adjacents, les deux cylindres engendrés ont même aire latérale et que le rapport de leurs volumes est égal à celui des côtés du rectangle.

14. Un triangle rectangle dont un angle vaut 30° tourne successivement autour des côtés de l'angle droit ; trouver le rapport des volumes et le rapport des aires latérales engendrés.

15. Si l'on désigne par A, B, C les volumes engendrés par un triangle rectangle tournant autour de l'hypoténuse et des côtés de l'angle droit, démontrer que l'on a

$$\frac{1}{A^2} = \frac{1}{B^2} + \frac{1}{C^2}.$$

16. Si un cône de révolution se développe suivant un demi-cercle démontrer qu'une génératrice fait avec l'axe un angle de 30°.

17. Si deux cylindres de révolution ou deux cônes de révolution ont les hauteurs proportionnelles aux rayons des bases, le rapport des volumes est le cube du rapport des rayons et le rapport des aires latérales ou totales est égal au carré du rapport des rayons.

CHAPITRE IV

LA SPHÈRE

---

273. Définitions. — On appelle *sphère* la surface lieu des points de l'espace situés à égale distance d'un point, appelé *centre* de la sphère.

Cette distance constante est appelée le *rayon* de la sphère ; on donne aussi ce nom à la droite qui joint le centre à un point de la surface ; une *corde* est la droite qui joint deux points de la sphère ; toute corde qui passe par le centre est un *diamètre* ; sa longueur est double de celle du rayon.

La sphère joue dans l'espace le même rôle que le cercle dans le plan ; si on la fait pivoter autour de son centre, elle ne cesse de coïncider avec elle-même ; ainsi, si on recouvre une sphère d'une enveloppe également sphérique, on pourra faire glisser cette dernière dans tous les sens sans qu'elle cesse de recouvrir la sphère intérieure ; c'est sur cette remarque qu'est fondé l'emboîtement à genou, employé dans divers appareils, tels que le graphomètre ; les mouvements du bras autour de l'épaule sont analogues au pivotement d'une sphère sur une autre.

En particulier, on peut couper une sphère en deux parties par un plan passant par son centre ; si l'on fait alors tourner la partie supérieure autour d'un diamètre de ce

cercle, on pourra l'amener à coïncider avec la partie inférieure, le demi-cercle ACB venant occuper la position
AC'B et inversement (*fig.* 249).

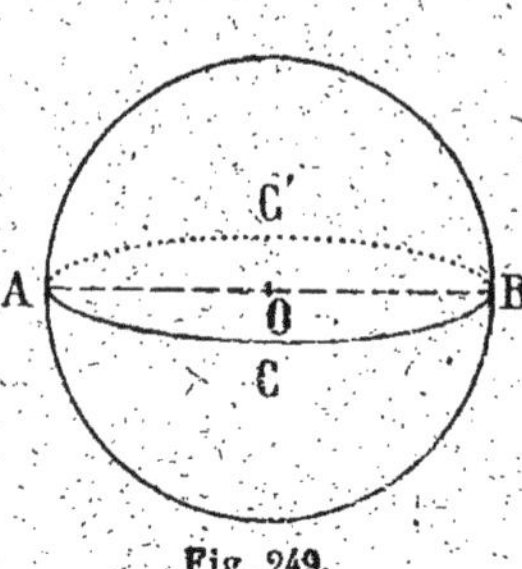

Fig. 249.

Enfin, notons que si l'on
fait tourner un demi-cercle
autour de son diamètre AB,
tous ses points demeurent à
la même distance du centre
et sont sur une sphère de
diamètre AB, qui se trouve
ainsi engendrée par la rota-
tion de ce demi-cercle, comme le cône et le cylindre de
révolution étaient engendrés par la rotation d'une droite.
Il y a toutefois lieu de noter une différence essentielle
entre ces dernières surfaces et la sphère ; pour le cône et
le cylindre, la rotation a lieu autour d'une droite bien
déterminée, tandis que pour la sphère, on peut prendre
un diamètre quelconque pour axe de rotation.

274. Section plane d'une sphère. — Considérons un

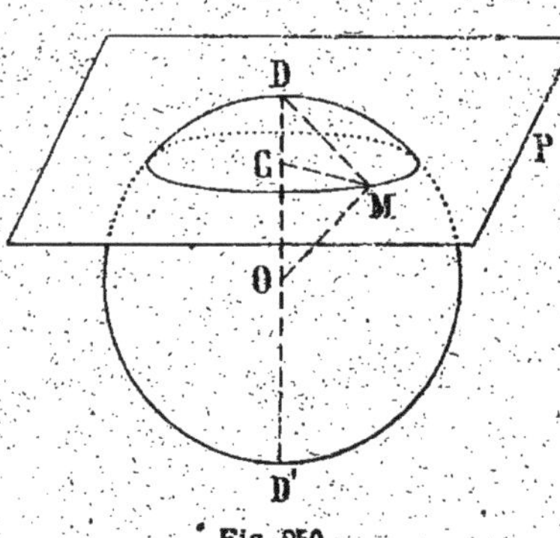

Fig. 250.

plan qui passe par un
point M d'une sphère
et abaissons du cen-
tre la perpendiculaire
OC sur le plan (*fig.*
250) ; dans le triangle
rectangle OCM, on a
$$\overline{CM}^2 = \overline{OM}^2 - \overline{OC}^2$$
ou, en désignant par
d la distance OC et

par r le rayon de la sphère, $\overline{CM}^2 = r^2 - d^2$.

Le lieu du point M est donc un cercle de centre C et de rayon $\sqrt{r^2 - d^2}$.

REMARQUE. — La droite OM, étant oblique, ne peut être inférieure à OC ; le plan ne coupe la sphère que si sa distance au centre est inférieure au rayon : si cette distance est égale au rayon, le plan n'a en commun avec la sphère qu'un point, extrémité du rayon perpendiculaire au plan.

Tout plan passant par le centre de la sphère la coupe suivant un cercle dont le rayon est celui de la sphère ; on l'appelle un *grand cercle* ; tout autre plan détermine, s'il coupe la sphère, un cercle de rayon inférieur à celui de la sphère ; on l'appelle un *petit cercle*.

275. Pôles d'un cercle. — Le diamètre OC perpendiculaire au plan P coupe la sphère (*fig.* 250) en deux points D et D' que l'on appelle *pôles* du cercle décrit par le point M. Si ce cercle est un grand cercle, il partage la sphère en deux *hémisphères* et on peut considérer indifféremment les deux pôles D et D'. Si le cercle M est un petit cercle, il est tout entier dans un des hémisphères déterminés par le plan perpendiculaire à OC ou parallèle à P mené par le point O ; on appelle alors plus particulièrement *pôle* du petit cercle le point D qui est dans le même hémisphère que le petit cercle.

On voit d'ailleurs que les longueurs DM sont des obliques qui s'écartent également du pied C de la perpendiculaire, c'est-à-dire *que tous les points d'un petit cercle sont équidistants d'un pôle.*

276. Intersection d'une sphère et d'une droite. — Si, par la droite et le centre de la sphère, on fait passer un plan, il coupe la sphère suivant un grand cercle, qui coupe la droite en deux points au plus; on en conclut qu'une droite ne peut rencontrer une sphère en plus de deux points; elle la rencontre en deux points, en un point ou ne la rencontre pas, suivant que sa distance au centre est inférieure, égale ou supérieure au rayon du grand cercle, c'est-à-dire au rayon de la sphère.

277. Plan tangent. — Un plan perpendiculaire à l'extrémité d'un rayon n'a qu'un point commun avec la sphère et tout autre plan coupe la sphère suivant un cercle ou ne la coupe pas; le premier plan est dit *tangent* à la sphère au point considéré, qui est appelé *point de contact*.

Si par ce point, on mène une droite AT dans le plan tangent (*fig. 251*), elle n'a avec la sphère qu'un point commun; on dit qu'elle est *tangente* à la sphère. Tout plan passant par AT coupe la sphère suivant un cercle qui ne touche la droite qu'au point A; cette droite est donc tangente à tous les cercles ainsi déterminés.

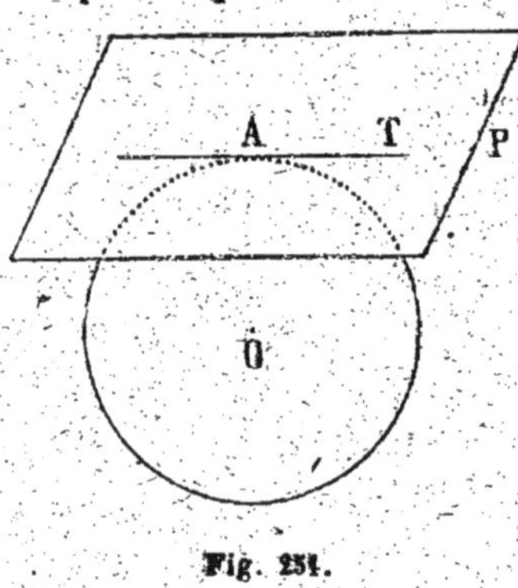

Fig. 251.

Comme d'autre part, un cercle quelconque passant par A est contenu dans un plan qui coupe P suivant une droite telle que AT, la tangente en A à ce cercle est une droite du plan P, qui est *le lieu des tangentes en A aux cercles de la sphère qui passent par ce point.*

278. Intersection de deux sphères. — Si par la ligne

des centres de deux sphères, on mène un plan, il coupe
ces surfaces suivant deux grands cercles, qui par leurs ro-
tations engendrent les sphères ; si ces cercles n'ont aucun
point commun, il en est de même des sphères ; s'ils ont
un seul point commun, les sphères auront ce seul point
en commun, puisqu'il est sur la ligne des centres et est fixe pendant la rotation ; notons que les cercles sont tangents et que leur tangente commune engen-
dre un plan perpendiculaire aux rayons des deux sphères,
c'est-à-dire un plan tangent à chacune d'elles. Enfin, si
les deux cercles ont deux points communs, ces points engendrent par rotation un même cercle, dont le plan est
perpendiculaire à la ligne des centres et dont le centre est
sur cette ligne.

Il résulte de là que si r et r' sont les rayons des sphères
et d la distance des centres, les sphères sont :

extérieures   si $d > r + r'$;
tangentes extérieurement   si $d = r + r'$;
sécantes   si $r - r' < d < r + r'$;
tangentes intérieurement   si $d = r - r'$;
intérieures   si $d < r - r'$.

279. Aire de la sphère. — On appelle *zone* la portion de
surface d'une sphère comprise entre deux plans parallèles. Les cercles déterminés par ces plans dans la sphère
sont les *bases* de la zone et la distance de ces plans est la
hauteur de la zone. On démontre que *l'aire d'une zone est
mesurée par le produit de la circonférence d'un grand cercle et de la hauteur.*

Si R est le rayon de la sphère et H la hauteur de la
zone, son aire sera $2\pi RH$; en particulier, la sphère peut

être considérée comme une zone de hauteur 2R et son aire est $4\pi R^2$.

Théorème. — *L'aire d'une sphère est le quadruple de l'aire d'un grand cercle.*

Remarque. — Il est intéressant d'observer que l'aire d'une zone ne dépend que de sa hauteur et non de la position de ses bases.

280. Volume de la sphère. — Considérons une sphère et marquons sur sa surface des points très voisins les uns des autres ; si, en ces points, on mène les plans tangents et qu'on les limite à leurs intersections avec les plans tangents voisins, on formera un polyèdre dont le volume et l'aire diffèrent très peu de ceux de la sphère ; ce corps est constitué par des pyramides dont le sommet commun est le centre de la sphère et la hauteur le rayon de la sphère ; le volume de chacune est donc $\frac{1}{3}R\sigma$, en appelant σ l'aire du petit polygone qui lui sert de base ; la somme des volumes, c'est-à-dire le volume du polyèdre, sera le produit de $\frac{R}{3}$ par la somme des aires des bases, c'est-à-dire par l'aire du polyèdre.

Si maintenant on rapproche de plus en plus les points marqués sur la sphère, le volume de la sphère sera la limite de celui du polyèdre, c'est-à-dire le produit de $\frac{R}{3}$ par l'aire de la sphère, qui est la limite de celle du polyèdre ; le volume cherché est donc

$$\frac{1}{3}R \times 4\pi R^2 = \frac{4}{3}\pi R^3.$$

Exercices numériques.

1. Une sphère a pour rayon 5^{cm} ; calculer l'aire de la section faite par un plan distant du centre de 3^{cm}.

2. Un cône de révolution de hauteur 8^{cm} est inscrit dans une sphère de rayon 5^{cm} ; trouver l'aire totale et le volume de ce cône.

3. Un cylindre de révolution de hauteur 6^{cm} est inscrit dans une sphère de rayon 5^{cm} ; trouver son aire totale et son volume.

4. Une sphère a pour volume 113^{cm3},04 ; trouver son aire.

5. L'aire d'une sphère est 314^{cm2} ; trouver son volume.

6. Deux plans parallèles déterminent dans deux sphères des zones dont les aires sont 332^{cm2},1 et 496^{cm2},1 ; calculer la distance de ces plans et le rayon de la seconde sphère, sachant que celui de la première est 6^{cm}.

7. Une sphère creuse a pour rayon extérieur 5^{cm} et pour rayon intérieur 3^{cm} ; trouver le volume de la partie solide.

8. Une chaudière cylindrique est terminée par deux hémisphères ; le rayon de base du cylindre est 0^{m},35 et sa hauteur 0^{m},4 ; l'épaisseur est 0^{m},01 ; trouver le poids de cette chaudière, sachant que la densité du métal qui la constitue est 7,8.

9. L'arc de grand cercle qui joint le pôle d'un petit cercle à un point de ce petit cercle vaut 60° ; trouver l'aire du petit cercle sachant que le rayon de la sphère est 13^{cm}.

10. Un cône de révolution a pour base un petit cercle d'une sphère et pour sommet le pôle de ce petit cercle ; calculer le rayon de la sphère, sachant que le rayon du petit cercle est 3^{cm} et que la génératrice du cône a pour longueur 5^{cm}.

11. Même problème en supposant que le rayon du petit cercle soit 4^{cm} et la hauteur du cône 3^{cm}.

12. Trouver le volume d'une sphère sachant que le volume du cône de révolution, dont la base est un grand cercle de cette sphère et le sommet un pôle de ce grand cercle, est égal à 339^{cm3},12.

Théorèmes et Problèmes.

1. Trouver le lieu des centres des sections planes d'une sphère qui ont une aire donnée ; montrer que leurs plans sont tangents à une sphère concentrique à la première.

2. Montrer que si un cône de révolution non circonscrit à une sphère la coupe suivant un cercle, il la coupe suivant un second cercle dont le plan est parallèle à celui du premier.

3. Trouver le lieu des milieux des cordes issues d'un point ou parallèles à une direction donnée ; que deviennent ces lieux si les cordes ont une longueur donnée ?

4. Trouver le lieu des centres des sections dont les plans passent : 1° par un point donné ; 2° par une droite donnée ?

5. Mener par une droite des plans tangents à une sphère ; le problème peut admettre deux solutions ; montrer alors que la droite qui joint les points de contact est perpendiculaire à la droite donnée et que leur perpendiculaire commune passe par le centre.

6. Si d'un point on mène différentes sécantes, le produit des segments déterminés sur ces sécantes est constant ; cas où l'on mène des tangentes.

7. On considère toutes les sphères qui passent par un cercle donné et d'un point pris dans le plan de ce cercle, on mène les plans tangents ; trouver le lieu des points de contact ; que devient ce lieu si les plans tangents passent par une droite fixe du plan du cercle ?

8. Par quatre points non situés dans un même plan, on peut faire passer une sphère unique.

9. Construire une sphère passant par trois points, connaissant le rayon.

10. Construire une sphère tangente à trois plans, connaissant le rayon.

11. Construire une sphère passant par deux points et tangente à un plan, connaissant le rayon.

12. Construire une sphère passant par un point et tangente à deux plans, connaissant le rayon.

13. Construire une sphère de rayon donné tangente à trois sphères ou tangente à deux sphères et à un plan, ou tangente à une sphère et à deux plans.

14. Construire une sphère passant par deux points et tangente à une sphère, ou passant par un point et tangente soit à deux sphères, soit à un plan et une sphère, connaissant le rayon.

15. Quel est le lieu des points de l'espace dont la somme des carrés des distances à deux points ou à trois points fixes est constante ?

16. Les volumes d'un cône, d'une sphère et d'un cylindre sont proportionnels aux nombres 1, 2, 3 si le cône et le cylindre ont pour hauteur le diamètre de la sphère et pour base un grand cercle de la sphère.

17. On considère un grand cercle fixe d'une sphère et un grand cercle variable passant par les pôles du premier ; on prend sur le cercle variable à partir de son point de rencontre B avec le cercle fixe un point M tel que l'arc BM soit égal à l'arc AB qui sépare B d'un point fixe A du cercle fixe. Trouver le lieu de la projection du point M sur le plan fixe et le lieu des droites AM.

18. On considère une sphère de diamètre AB ; en A et B, on mène deux tangentes rectangulaires AA', BB' :
1° Il existe des droites tangentes à la sphère en un point du grand cercle perpendiculaire à AB et rencontrant les droites AA' et BB'.
2° Ces droites font des angles égaux avec AA' et BB'.
3° La somme des distances d'un point de ces droites aux droites AA', BB' est constante.

19. Trouver le lieu des droites parallèles à une direction donnée, de longueur donnée, et dont les extrémités sont sur des sphères données ; dans quel cas ce lieu est-il un cylindre de révolution ?

20. Même problème en supposant que les extrémités sont sur un plan et sur une sphère.

COMPLÉMENTS DE GÉOMÉTRIE PLANE

(Programme de Première A et B)

CHAPITRE I

ARCS ET ANGLES

281. Arcs. — Si l'on marque sur une circonférence deux points A et B, on détermine deux lignes limitées à ces points : ce sont des *arcs de cercle* ; si les deux points A et B sont les extrémités d'un diamètre, ces arcs sont des demi-circonférences ; dans le cas contraire, ces deux arcs ont des longueurs inégales. Imaginons que le long d'un arc AB on place un fil et qu'on le déplace ensuite de façon qu'il reste appliqué sur la circonférence ; nous avons vu que cela est possible, et le fil viendra en A'B' ; le nouvel arc A'B' n'est autre chose que l'arc AB dans une position nouvelle ; on peut encore déplacer le cercle et

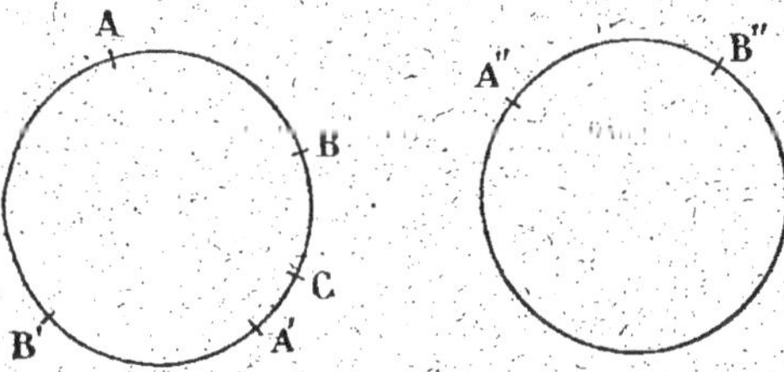

Fig. 252.

l'arc AB occupera alors la position A''B'' ; nous dirons que les arcs AB, A'B', A''B'' sont *égaux*.

Si sur une circonférence on marque trois points A, B, C, la longueur de l'arc ABC est la somme des longueurs des arcs AB et BC; on dit plus simplement que l'arc AC est la *somme* des arcs AB et BC (*fig*. 252).

282. Mesure des arcs. — Prenons une circonférence déterminée et sur cette courbe un arc AB pour unité d'arc; soit CD un autre arc de la même courbe (*fig*. 253); nous pouvons faire glisser l'arc AB de façon que le point A soit en C, le point B étant en B' entre C et D, puis amener l'arc AB, de façon que son origine A soit en B', et ainsi de suite.

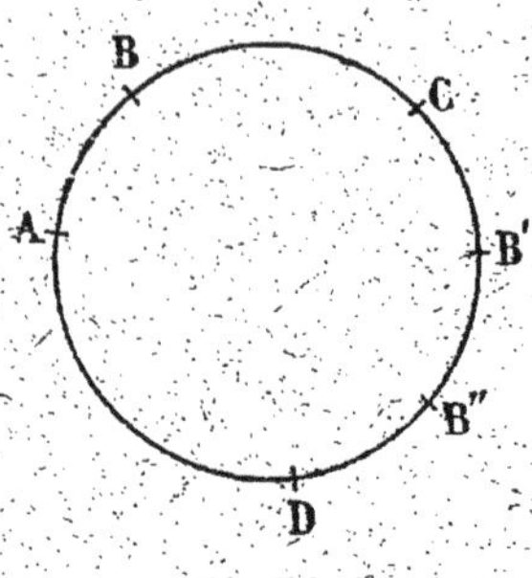

Fig. 253.

Si nous supposons que l'on couvre l'arc CD en plaçant ainsi bout à bout trois arcs AB, l'arc CD sera la somme de trois arcs AB et le nombre 3 sera la mesure de CD.

Ceci est tout à fait analogue à ce que nous avons fait pour la mesure des longueurs et, sans y insister, on voit que la mesure d'un arc CD sera $\frac{2}{5}$, par exemple, s'il existe un arc du même cercle contenu 2 fois dans CD et 5 fois dans l'unité AB.

En général, on prend pour unité d'arc, l'arc de 1 degré (que l'on écrit 1°), qui est la 360ᵉ partie de la circonférence; l'arc de 1° se subdivise en 60 arcs de 1 minute (que l'on écrit 1'), la minute étant la 60ᵉ partie du degré; la minute elle-même est divisée en 60 arcs de 1 seconde (que l'on écrit 1″) et la seconde est enfin divisée en dixièmes, centièmes, etc.

Aujourd'hui, on adopte de plus en plus une autre unité, le grade qui est la 400ᵉ partie de la circonférence, le grade se subdivise lui-même suivant la loi décimale en dixièmes, centièmes, etc.; quelquefois, on donne le nom de *minute centésimale* à la centième partie du grade. On indique le grade par la lettre γ placée en exposant, la minute centésimale par l'accent ' placé en exposant ; ainsi l'arc

$$43^\gamma,15'$$

contient 43 grades 15 minutes centésimales.

L'avantage de l'introduction du grade est manifeste, puisque les sous-multiples suivent la loi décimale, tandis que les sous-multiples du degré ne suivent pas cette loi ; les calculs sont donc plus simples dans le premier cas que dans le second où l'on a affaire à des nombres complexes. On pourrait se demander pourquoi on n'a pas pris pour unité la centième partie de la circonférence au lieu de la quatre-centième, qui ne correspond pas à la loi décimale ; ceci s'explique par ce fait que c'est le quart de la circonférence entière qu'il est intéressant de considérer, surtout quand il s'agit des angles.

283. Longueur d'un arc. — On démontre que si l'on connaît le rayon R d'une circonférence, on obtient la longueur de cette courbe en multipliant la longueur du diamètre par un nombre fixe que l'on désigne par la lettre π (*pi*) ; ce nombre n'est ni entier, ni fractionnaire, mais dans les applications, il suffit de prendre pour valeur approchée 3,14 ou 3,1416 ; si nous désignons la longueur

de la circonférence par C, on a
$$C = 2\pi R.$$

Ainsi, la longueur d'une circonférence de rayon 3^m sera $6 \times 3,14 = 18^m,84$, en prenant pour π la valeur 3,14.

Proposons-nous maintenant d'évaluer la longueur d'un arc donné soit en degrés, soit en grades.

I. — *Trouver la longueur de l'arc de 15° 18′ 12″ dans une circonférence de rayon 3^m.*

Réduisons d'abord le tout en secondes :
$$15° = 60 \times 15' = 900',$$
$$15°18' = 918' = 60 \times 918'' = 55\,080'',$$
$$15°18'12'' = 55\,092''.$$

La circonférence contient, d'autre part, $360 \times 60 \times 60 = 1\,296\,000''$; la longueur de l'arc d'une seconde est donc
$$\frac{2\pi R}{1\,296\,000} = \frac{18,84}{1\,296\,000}$$
et la longueur de l'arc considéré est
$$\frac{18,84 \times 55\,092}{1\,296\,000} = 0^m,8008.$$

II. — *Trouver la longueur de l'arc de $43^r,45$ dans une circonférence de rayon 3^m.*

La longueur du grade est ici
$$\frac{2\pi R}{400} = \frac{18,84}{400} = 0,0471.$$

La longueur cherchée sera
$$0,0471 \times 43,45 = 2^m,046.$$

REMARQUE. — Les exemples qui précèdent suffisent pour montrer comment on peut résoudre les questions relatives à la mesure des arcs, que l'on veuille passer des degrés ou des grades aux longueurs ou inversement, ou encore des degrés aux grades; sans y insister, nous établirons des formules qui résolvent toutes ces questions.

Désignons par α le nombre de secondes d'un arc, par β le nombre de grades (ce nombre peut être décimal), par R le rayon du cercle; la longueur de la circonférence est $2\pi R$, celle de l'arc d'une seconde est $\dfrac{2\pi R}{1\,296\,000}$, celle d'un arc d'un grade est $\dfrac{2\pi R}{400}$; si l est la longueur de l'arc donné, on a

$$l = \frac{2\pi R\alpha}{1\,296\,000} = \frac{2\pi R\beta}{400}$$

ou

$$\frac{l}{\pi R} = \frac{\alpha}{648\,000} = \frac{\beta}{200}.$$

Appliquons ces formules à la recherche du nombre de degrés, minutes, secondes, d'un arc de $43^r,45^l$

$$\frac{\alpha}{648\,000} = \frac{43,45}{200}$$

$$\alpha = \frac{43,45 \times 648\,000}{200} = 140\,778''.$$

Réduisons ce nombre en minutes en le divisant par 60 : le quotient est 2 346 et le reste 18 ; il y a donc 2 346' et 18". Pour trouver le nombre de degrés, divisons 2 346 par 60 : le quotient est 39 et le reste 6 ; l'arc est donc mesuré par $39°6'18''$.

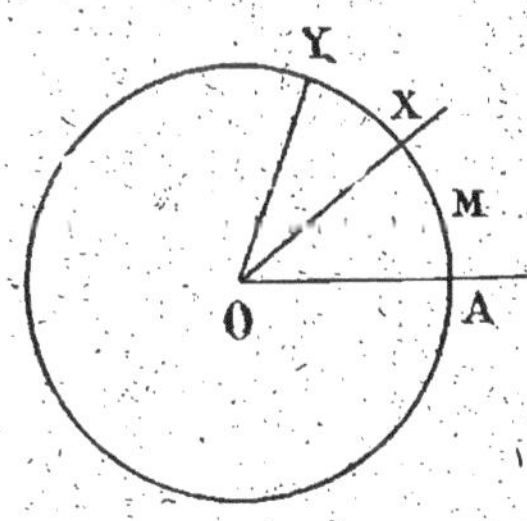

Fig. 254.

284. Angles. — Considérons une demi-droite OX qui tourne autour d'un point O dans un plan (*fig.* 254); on suivra aisément son mouvement en considérant un point situé sur cette demi-droite à une distance constante du point O; ce point décrira un arc de cercle dont le centre est le point O, et la mesure

de cet arc fera connaître de combien la demi-droite a tourné.

Remarquons que si l'on considère la longueur de l'arc, le nombre qui mesure cet arc est insuffisant pour que l'on puisse apprécier la rotation de OX, car ce nombre dépend du rayon du cercle ; il est certain que si le rayon est très grand, la longueur de l'arc sera très grande et que si le rayon est très petit, la longueur de l'arc sera très petite ; au contraire, la mesure à l'aide des degrés ou des grades permet d'apprécier exactement la rotation, en comparant l'arc à la circonférence entière.

C'est pour éviter de faire intervenir le rayon du cercle que l'on considère, au lieu de l'arc AX, la figure formée par les deux demi-droites OA et OX ; cette figure est appelée un *angle*.

Un angle est la figure formée par deux demi-droites issues d'un point O ; c'est aussi, la portion de plan balayée par une demi-droite qui se déplace de OA en OX.

Les deux demi-droites sont les *côtés* de l'angle ; leur point commun est le *sommet* de l'angle.

Pour nommer un angle, on lit la lettre placée au sommet ; si plusieurs angles ont même sommet, ceci prêterait à confusion ; dans ce cas, on inscrit une lettre au sommet et une lettre sur chaque côté et on lit ces lettres en ayant soin de mettre au milieu la lettre du sommet ; ainsi (*fig.* 254), on lira *angle* AOX ; on peut encore supprimer dans l'écriture le mot angle et mettre $\widehat{\text{AOX}}$; de même, si on écrit un arc, on peut simplement écrire les lettres des extrémités ou, s'il y a confusion possible, on intercale une lettre sur l'arc et on surmonte le tout d'un petit arc ; par exemple, on écrira *arc* AMX ou $\overparen{\text{AMX}}$.

285. Mesure des angles. — Un angle devant servir à mesurer la rotation d'une demi-droite, il est tout naturel de considérer comme *égaux* des angles qui, dans un cercle, correspondent à des arcs égaux, et comme *somme* de deux angles celui qui correspond à la somme des arcs limités par ces angles.

Si nous prenons deux arcs AM, AM' égaux, on peut les amener à coïncider par rotation autour du diamètre OA (*fig.* 255) ; les côtés des angles AOM, AOM' coïncideront, de telle sorte que l'on peut dire que deux angles *égaux* sont tels que l'on peut amener leurs côtés à coïncider ; il est d'ailleurs évident que si cette coïncidence est possible,

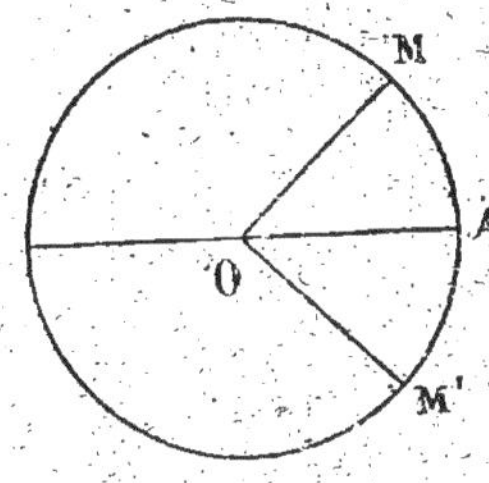

Fig. 255.

les arcs correspondants coïncident et sont égaux.

De même, l'arc AY étant la somme des arcs AX, XY (*fig.* 254), on voit que l'angle AOY, somme des angles AOX, XOY, est obtenu en supprimant le côté commun de ces angles adjacents ; on peut donc dire que l'on forme la somme de deux angles en les rendant adjacents et en supprimant le côté commun.

Pour mesurer un angle, nous pouvons prendre pour unité, l'angle qui détermine dans le cercle l'arc unité, par exemple le degré ; si maintenant un angle est 6 fois plus grand que l'angle unité, il est formé de 6 angles adjacents deux à deux qui déterminent 6 arcs consécutifs de 1 degré ; l'arc total vaut donc 6 degrés, c'est-à-dire que l'angle et l'arc sont tous les deux mesurés par le même nombre 6, ce que l'on exprime en disant qu'*un angle au centre est mesuré par le même nombre que l'arc compris entre ses côtés.*

286. REMARQUE. — Si l'on considère deux cercles concentriques (*fig.* 256) et un angle au centre qui détermine deux arcs AX, A'X', les mesures de ces arcs en degrés sont égales à la mesure de l'angle lui-même, c'est-à-dire que ces deux arcs ont le même nombre de degrés ; il en résulte que leurs longueurs sont proportionnelles aux rayons des cercles ; si l'angle vaut 53°

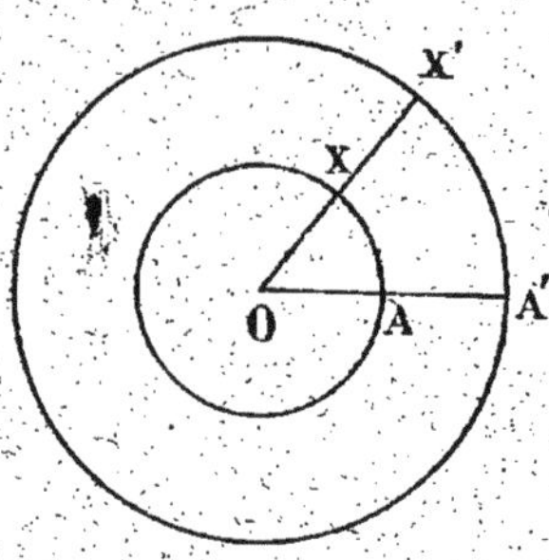

Fig. 256.

et si les rayons sont R et 2R, la longueur A'X' est $53 \times \dfrac{4\pi R}{360}$

et celle de AX est $53 \times \dfrac{2\pi R}{360}$, moitié de la première.

287. Radian. — D'après la remarque précédente, une longueur d'arc ne fournit aucune indication sur l'angle au centre qui lui correspond, si on ne connaît pas le rayon du cercle ; dans un grand nombre de questions, il est néanmoins très important de définir l'angle par la longueur de l'arc ; mais on suppose toujours dans ce cas que le rayon du cercle est l'unité de longueur. On est ainsi conduit à définir une nouvelle unité d'angle, que l'on appelle le *radian*.

Le radian est l'angle au centre qui intercepte entre ses côtés un arc de longueur 1 dans un cercle de rayon 1. On peut encore dire (286) qu'il intercepte entre ses côtés sur un cercle quelconque, ayant son centre au sommet, *un arc dont la longueur est celle du rayon.*

Évaluer un angle en radians revient à chercher la longueur d'un arc de cercle de rayon 1 ; les formules données plus haut (283) résolvent la question.

Par exemple, la mesure d'un angle droit, en radians, est $\dfrac{\pi}{2}$; celle d'un angle de 60° est $\dfrac{\pi}{3}$; celle d'un angle de 40ᵧ est $\dfrac{\pi}{5}$.

Exercices numériques.

1. Sur une circonférence de rayon 4ᵐ, on prend deux points A et B tels que l'un des arcs AB soit de 78° 15′ 18″; trouver sa longueur, ainsi que celle de l'autre arc AB ; évaluer ces arcs en grades.

2. Un arc de 143ᵧ,5 a pour longueur 913ᵐ,74 ; calculer le rayon du cercle auquel appartient l'arc, ainsi que la longueur de l'arc de 18°18′.

3. Dans deux circonférences, deux arcs qui ont le même nombre de degrés ont pour longueurs 6ᵐ et 4ᵐ; calculer le rapport des rayons.

4. Dans une circonférence de rayon 6ᵐ, l'arc de 145° 12′ a même longueur que l'arc de 242ᵧ d'une autre circonférence : calculer le rayon de cette dernière.

5. Sur une circonférence, on marque trois points A, B, C, tels qu'en parcourant la circonférence dans le sens ABC, les arcs AB, BC, CA soient entre eux comme les nombres 2, 3 et 5 ; calculer ces arcs en degrés, en grades, et calculer leurs longueurs en supposant le rayon égal à 10ᵐ.

6. Sur une circonférence de rayon 2ᵐ, on marque un point A, et on parcourt dans un certain sens à partir de A un arc de 24°, on revient en arrière en décrivant un arc de 52ᵧ, puis on décrit dans le premier sens un arc égal au $\dfrac{1}{8}$ de la circonférence ; à quelle distance comptée sur la circonférence est-on du point A et de quel côté de ce point ?

7. Deux mobiles partent de deux points diamétralement opposés sur une circonférence et se déplacent en sens contraires ; le premier parcourt par seconde un arc de 9° et le second un arc de 15^{gr} ; au bout de combien de temps se rencontreront-ils une première fois, puis une seconde fois, etc., s'ils continuent à se mouvoir dans les mêmes conditions ?

8. Un angle vaut $\dfrac{2}{3}$ d'angle droit ; l'évaluer en degrés et en grades.

9. Évaluer en angles droits les angles de
$$120° ; \qquad 45°15' ; \qquad 75°18'18'' ;$$
$$150^{gr} ; \qquad 50^{gr},5 ; \qquad 120^{gr},18.$$

10. Trois demi-droites consécutives OA, OB, OC forment des angles AOB, BOC, COA égaux ; évaluer ces angles en angles droits, degrés et grades ; montrer que la bissectrice de l'angle AOB est le prolongement de OC.

11. Évaluer en radians les angles de
$$45° ; \qquad 22°30' ; \qquad 30° ; \qquad 75° ;$$
$$120° ; \qquad 135° ; \qquad 150° ; \qquad 77°30'.$$

12. Évaluer en radians les angles de
$$50^{gr} ; \qquad 75^{gr} ; \qquad 87^{gr},5 ; \qquad 125^{gr} ;$$
$$112^{gr},5 ; \qquad 150^{gr} ; \qquad 175^{gr} ; \qquad 187^{gr},5.$$

13. Évaluer en degrés les angles dont les mesures en radians sont :
$$\frac{\pi}{3} ; \quad \frac{\pi}{6} ; \quad \frac{\pi}{9} ; \quad \frac{2\pi}{3} ; \quad \frac{3\pi}{2} ;$$
$$\frac{\pi}{4} ; \quad \frac{7\pi}{4} ; \quad \frac{5\pi}{12} ; \quad \frac{3\pi}{8} ; \quad \frac{11\pi}{18}.$$

14. Évaluer en grades les angles dont les mesures en radians sont :
$$\frac{\pi}{4} ; \quad \frac{\pi}{5} ; \quad \frac{3\pi}{4} ; \quad \frac{7\pi}{5} ; \quad \frac{9\pi}{8} ;$$
$$\frac{11\pi}{16} ; \quad \frac{9\pi}{20} ; \quad \frac{18\pi}{25} ; \quad \frac{15\pi}{32} ; \quad \frac{49\pi}{50}.$$

CHAPITRE II

TRIANGLES SEMBLABLES

---

288. On a vu, en géométrie plane (163), qu'une parallèle à un côté d'un triangle détermine sur les autres côtés des segments proportionnels ; c'est ce théorème qui a conduit à considérer les quantités sin ω, cos ω, tg ω relatives à un triangle rectangle dont un angle aigu est ω. Les propriétés qui résultent de la considération de ces éléments tiennent à ce fait que deux triangles rectangles qui ont un angle aigu égal ne sont au fond que le même triangle construit à deux échelles différentes ; on dit que ces triangles sont *semblables*. D'une façon plus générale, on peut construire deux triangles quelconques avec des échelles différentes ; par exemple, prenons un triangle de côtés 4^m, 3^m et 6^m, puis un triangle de côtés 4^{cm}, 3^{cm} et 6^{cm} ; on conçoit que ce qui les distingue, ce n'est pas leur forme, mais seulement leur grandeur ; aussi, dirons-nous qu'ils sont semblables.

Nous allons donner une définition précise de tels triangles en spécifiant les relations qui lient leurs angles et leurs côtés, ces relations étant celles qui sont sous-entendues dans ce qui précède.

289. Triangles semblables. — *Deux triangles sont dits semblables s'ils ont leurs angles égaux chacun à chacun et* *si les côtés opposés aux angles égaux sont proportionnels.*

Il est d'abord évident qu'il existe des triangles satisfaisant à ces conditions ; il suffit de prendre deux triangles égaux : leurs angles sont égaux et les côtés opposés aux angles égaux sont proportionnels puisqu'ils sont égaux ; le rapport de proportionnalité est 1.

Les angles égaux sont dits *homologues* ; les sommets correspondants à des angles égaux sont dits *homologues* ; il en est de même des côtés opposés à ces angles.

Ainsi, deux triangles ABC, A'B'C', dans lesquels

$$\widehat{A} = \widehat{A'}, \qquad \widehat{B} = \widehat{B'}, \qquad \widehat{C} = \widehat{C'},$$

$$\frac{BC}{B'C'} = \frac{CA}{C'A'} = \frac{AB}{A'B'},$$

sont semblables ; les angles A et A', B et B', C et C', les côtés BC et B'C', CA et C'A', AB et A'B' sont homologues.

L'existence de triangles semblables autres que les triangles égaux résulte du théorème suivant :

290. Théorème. — *La parallèle à un côté d'un triangle détermine sur les deux autres côtés un triangle semblable au premier.*

Soient ABC un triangle et B'C' une parallèle au côté BC ;

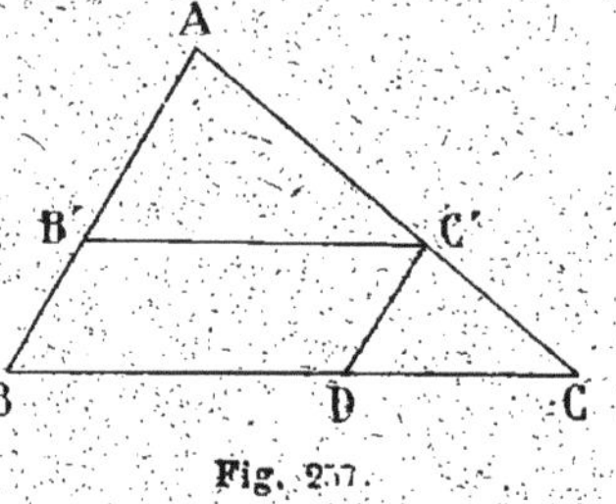

nous allons montrer que les triangles ABC, AB'C' sont semblables.

1° *Les angles sont égaux.*

$\widehat{A}$ est commun ;

$\widehat{B} = \widehat{B'}$ comme correspondants par rapport aux parallèles BC, B'C' coupées par la sécante BB' ;

$\widehat{C} = \widehat{C'}$ comme correspondants par rapport aux parallèles BC, B'C' coupées par la sécante CC'.

2° *Les côtés homologues sont proportionnels.* — On sait que l'on a déjà (163)

$$\frac{AB}{AB'} = \frac{AC}{AC'}.$$

Menons la parallèle C'D à AB; on a

$$\frac{CB}{DB} = \frac{AC}{AC'}.$$

Mais la figure B'C'DB est un parallélogramme; les côtés opposés DB et B'C' sont égaux et la relation précédente peut s'écrire

$$\frac{CB}{C'B'} = \frac{AC}{AC'};$$

on a donc finalement

$$\frac{AB}{AB'} = \frac{AC}{AC'} = \frac{BC}{B'C'},$$

c'est-à-dire que les côtés homologues sont proportionnels; les deux triangles sont donc semblables.

291. Cas de similitude. — Nous avons remarqué au début que la construction d'un triangle à deux échelles différentes fournissait des triangles semblables; si l'échelle est la même, les triangles sont égaux; il est naturel de penser que ce qui a été dit sur l'égalité des triangles doit pouvoir être transporté dans l'étude de la similitude, avec de légers changements qui sont relatifs à la différence d'échelles; c'est ainsi que nous allons trouver trois cas de similitude analogues aux trois cas d'égalité.

Une conséquence immédiate de la définition de la similitude est d'abord le théorème suivant :

292. Théorème. — *Si deux triangles sont semblables à un troisième, ils sont semblables l'un à l'autre.*

Soient A'B'C', A"B"C" deux triangles semblables au triangle ABC ; A et A', B et B', C et C' étant homologues, ainsi que A et A", B et B", C et C".

1° On a, par hypothèse,
$$\widehat{A'} = \widehat{A}, \qquad \widehat{B'} = \widehat{B}, \qquad \widehat{C'} = \widehat{C},$$
$$\widehat{A''} = \widehat{A}, \qquad \widehat{B''} = \widehat{B}, \qquad \widehat{C''} = \widehat{C},$$

et on en déduit
$$\widehat{A''} = \widehat{A'}, \qquad \widehat{B''} = \widehat{B'}, \qquad \widehat{C''} = \widehat{C'}.$$

chacun à chacun ; A' et A", B' et B", C' et C" sont homologues.

2° On a, par hypothèse,
$$\frac{B'C'}{BC} = \frac{C'A'}{CA} = \frac{A'B'}{AB} = k,$$
$$\frac{B''C''}{BC} = \frac{C''A''}{CA} = \frac{A''B''}{AB} = k'',$$

en désignant par k et k'' les rapports communs ; on en déduit

B'C' = BC.k,   C'A' = CA.k,   A'B' = AB.k,

B"C" = BC.k'',   C"A" = CA.k'',   A"B" = AB.k''

et
$$\frac{B'C'}{B''C''} = \frac{C'A'}{C''A''} = \frac{A'B'}{A''B''} = \frac{k}{k''}.$$

Les côtés homologues des triangles A'B'C', A"B"C" sont proportionnels et ces triangles sont semblables.

Corollaire. — *Si deux triangles ABC, A'B'C' sont égaux, tout triangle semblable au premier est semblable au second.*

En effet, ABC et A'B'C' étant égaux, sont semblables; et si A"B"C" est semblable à ABC, il est, d'après le théorème précédent, semblable à A'B'C'.

C'est ce corollaire qui va nous servir constamment pour établir les cas de similitude.

293. 1ᵉʳ Cas. — *Deux triangles qui ont deux angles égaux chacun à chacun sont semblables.*

Soient ABC et A'B'C' deux triangles tels que $\widehat{B} = \widehat{B'}$, $\widehat{C} = \widehat{C'}$; remarquons d'abord que les angles A et A' sont égaux, puisque les sommes

$$\widehat{A} + \widehat{B} + \widehat{C}$$

et $\widehat{A'} + \widehat{B'} + \widehat{C'}$ sont égales toutes les deux à 2 droits.

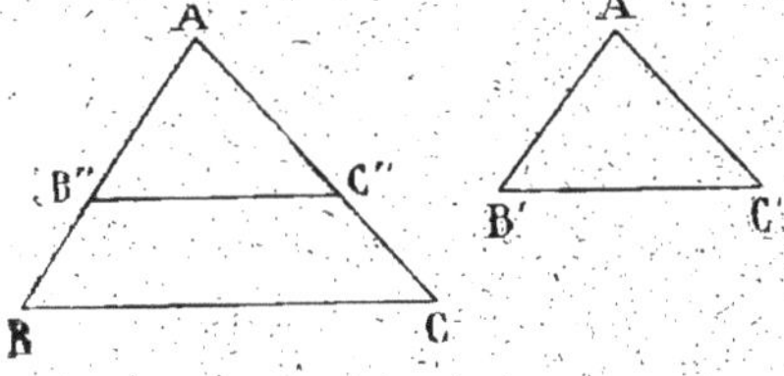

Fig. 258.

Prenons sur AB une longueur AB″ = A'B' et menons par B″ la parallèle B″C″ à BC; les triangles ABC, AB″C″ sont semblables (290); il suffit de démontrer alors l'égalité des triangles AB″C″, A'B'C'.

Ces derniers triangles ont un côté égal AB″ = A'B' compris entre des angles égaux chacun à chacun :

$$\widehat{A} = \widehat{A'},$$

$$\widehat{B''} = \widehat{B'},$$ car $\widehat{B''}$ et $\widehat{B}$ sont égaux comme correspondants et $\widehat{B}$ et $\widehat{B'}$ sont égaux par hypothèse.

Les triangles AB″C″, A'B'C' sont donc égaux et les triangles ABC, A'B'C' sont semblables.

294. 2ᵉ Cas. — *Deux triangles, qui ont un angle égal compris entre côtés proportionnels, sont semblables.*

Soient ABC, A'B'C' deux triangles qui ont les angles A et A' égaux et les côtés AB, AC proportionnels aux côtés A'B', A'C'; ces côtés sont liés par la relation

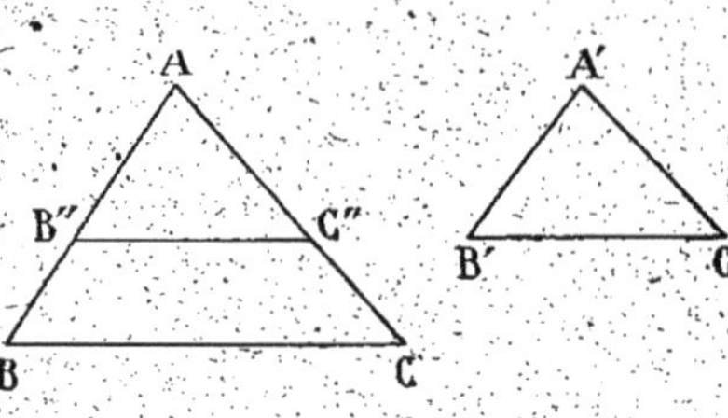

Fig. 259.

$$(1) \qquad \frac{A'B'}{AB} = \frac{A'C'}{AC}.$$

Prenons sur AB une longueur AB″ égale à A'B' et menons par B″ la parallèle B″C″ à BC, le triangle AB″C″ est semblable au triangle ABC (290); il suffira donc de démontrer l'égalité des triangles AB″C″, A'B'C'.

Ces deux triangles ont un angle égal compris entre côtés égaux :

1° $\widehat{A} = \widehat{A'}$ par hypothèse.

2° AB″ = A'B' par construction ;

3° AC″ = A'C'. En effet, B″C″ étant parallèle à BC, on a (163)

$$\frac{AB″}{AB} = \frac{AC″}{AC} \quad \text{ou} \quad \frac{A'B'}{AB} = \frac{AC″}{AC}.$$

En comparant cette relation à la relation (1), on trouve

$$\frac{A'B'}{AB} = \frac{A'C'}{AC} = \frac{AC″}{AC}$$

ou
$$A'C' = AC″,$$

ce qui démontre la proposition.

295. 3ᵉ Cas. — *Deux triangles qui ont leurs côtés proportionnels sont semblables.*

Soient ABC, A'B'C' deux triangles dont les côtés sont proportionnels; on a, entre ces côtés, les relations

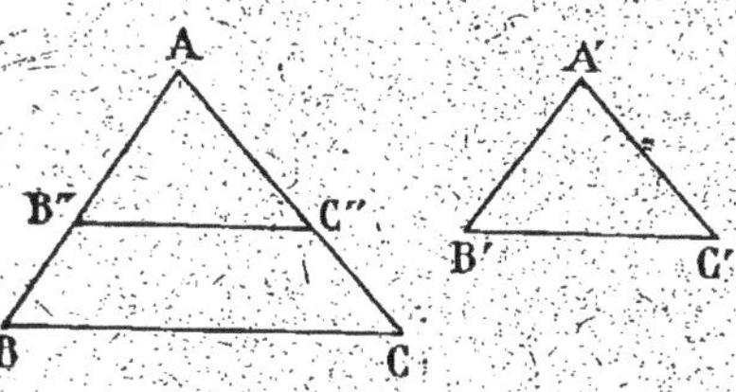

Fig. 260.

$$(1) \quad \frac{A'B'}{AB} = \frac{A'C'}{AC} = \frac{B'C'}{BC}.$$

Prenons sur AB la longueur AB″ égale à A'B' et menons par B″ la parallèle B″C″ à BC; les triangles AB″C″ et ABC sont semblables; il suffira donc de démontrer l'égalité des triangles AB″C″, A'B'C'.

Or, on a (290)

$$\frac{AB''}{AB} = \frac{AC''}{AC} = \frac{B''C''}{BC}$$

ou, puisque AB″ = A'B',

$$\frac{A'B'}{AB} = \frac{AC''}{AC} = \frac{B''C''}{BC}$$

et, en comparant aux relations (1),

$$\frac{A'B'}{AB} = \frac{A'C'}{AC} = \frac{AC''}{AC}, \qquad \frac{A'B'}{AB} = \frac{B'C'}{BC} = \frac{B''C''}{BC},$$

d'où on déduit

$$A'C' = AC'', \qquad B'C' = B''C''.$$

Les triangles AB″C″, A'B'C' ont donc leurs trois côtés égaux chacun à chacun; ils sont égaux et les triangles ABC, A'B'C' sont semblables.

296. Applications. —Du premier cas de similitude, on peut déduire deux théorèmes qui sont d'une application fréquente:

Théorème I. — *Si deux triangles ont leurs côtés paral-*
lèles deux à deux, ils sont semblables.

Théorème II. — *Si deux triangles ont leurs côtés perpen-*
diculaires deux à deux, ils sont semblables.

Nous allons montrer que, dans les deux hypothèses, les triangles ont leurs angles égaux chacun à chacun.

Soient B'C', C'A', A'B' les côtés respectivement paral-lèles ou respectivement perpendiculaires à BC, CA, AB.

Les angles A, B, C ont leurs côtés parallèles à ceux des angles A', B', C' dans le premier, perpendiculaires dans le second cas ; ces angles sont donc respectivement égaux ou supplémentaires.

Ils ne peuvent être qu'égaux ; supposons que l'on ait

$$\widehat{A} + \widehat{A'} = 2 \text{ dr.},$$

$$\widehat{B} + \widehat{B'} = 2 \text{ dr.};$$

la somme

$$\widehat{A} + \widehat{B} + \widehat{A'} + \widehat{B'}$$

serait égale à 4 droits, ce qui est impossible, puisque la somme

$$\widehat{A} + \widehat{B} + \widehat{C} + \widehat{A'} + \widehat{B'} + \widehat{C'}$$

est égale à 4 droits.

On ne pourra donc pas avoir deux sommes d'angles homologues égales à 2 droits ; autrement dit, deux cou-ples d'angles homologues sont formés d'angles égaux

$$\widehat{A} = \widehat{A'} \qquad \widehat{B} = \widehat{B'}.$$

On en conclut $\widehat{C} = \widehat{C'}$.

Il peut d'ailleurs arriver que $\widehat{C} + \widehat{C'} = 2$ droits ; mais, dans ce cas, chacun des angles $\widehat{C}$ et $\widehat{C'}$ vaut un droit.

Relations métriques
dans le triangle rectangle.

297. Triangle rectangle. — Nous avons vu en géométrie plane (179) que la notion de sinus, de cosinus et de
tangente avait pour conséquence immédiate la démonstration des propriétés métriques du triangle rectangle ; on
se rendra mieux compte de l'identité entre la notion de
similitude et celle des lignes trigonométriques en établissant à nouveau ces propriétés en faisant usage des triangles semblables ; il suffira de comparer les deux démonstrations pour constater que l'introduction des mots sinus,
cosinus, tangente n'est qu'une façon de parler des triangles semblables.

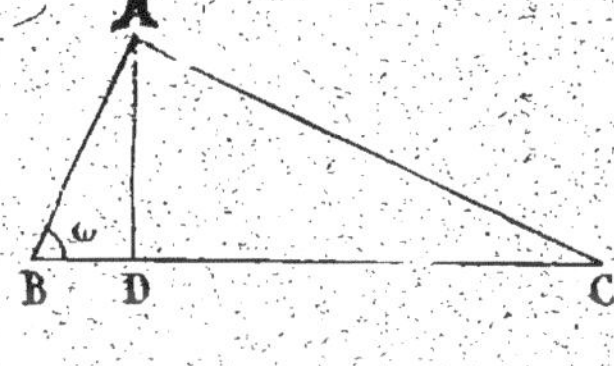

Soient un triangle rectangle ABC et sa hauteur
AD.

Les triangles rectangles
ABD, ACD ont leurs côtés
respectivement perpendiculaires, ils sont semblables ; écrivons que leurs côtés homologues sont proportionnels

Fig. 261.

$$\frac{AD}{BD} = \frac{DC}{AD}$$

(chacun de ces rapports est tg ω).

On en déduit

$$\overline{AD}^2 = BD \times DC,$$

ce qui fournit le théorème suivant :

Dans un triangle rectangle, la hauteur est moyenne pro

portionnelle *entre les segments qu'elle détermine sur l'hypoténuse.*

Les triangles rectangles ABD et ABC sont semblables,
ayant l'angle aigu ω commun; on en déduit

$$\frac{BD}{AB} = \frac{AB}{BC} \quad \text{(chacun de ces rapports est cos } \omega\text{)},$$

ou

$$\overline{AB}^2 = BD \times BC,$$

ce qui fournit le théorème suivant :

*Dans un triangle rectangle, un côté quelconque de l'an-
gle droit est moyen proportionnel entre l'hypoténuse et sa
projection sur l'hypoténuse.*

Si l'on applique ce théorème aux deux côtés de l'angle
droit, on a

$$\overline{AB}^2 = BD \times BC,$$
$$\overline{AC}^2 = DC \times BC.$$

et en ajoutant membre à membre,

$$\overline{AB}^2 + \overline{AC}^2 = (BD + DC)\,BC = \overline{BC}^2.$$

*Dans un triangle rectangle, le carré de l'hypoténuse est
la somme des carrés des deux autres côtés.*

L'application de ces théorèmes permet de trouver des
relations un peu plus compliquées relatives aux triangles
quelconques (309 à 313).

Relations métriques dans le cercle.

298. Théorème. — *Si par un point A du plan d'un
cercle, on mène une sécante variable, le produit des segments*

*qui ont pour origine le point A et pour extrémités les points
d'rencontre de la sécante et du cercle est constant.*

Soient A un point pris dans le plan d'un cercle (*fig.* 262)

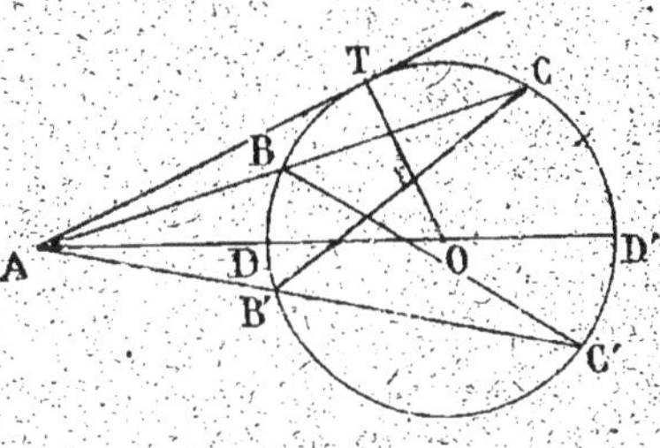

Fig. 262.

et ABC, AB'C' deux
sécantes issues de ce
point ; il faut établir
la relation
$$AB \times AC = AB' \times AC'.$$
Joignons B' et C,
B et C' ; les triangles
AB'C, ABC' ainsi for-
més ont l'angle A commun, les angles C' et C égaux,
comme inscrits dans le même arc BB' ; ces triangles sont
semblables ; il en résulte que les côtés opposés aux angles
égaux sont proportionnels :
$$\frac{AB}{AB'} = \frac{AC'}{AC},$$
ou
$$AB \times AC = AB' \times AC'.$$

Remarque 1. — Considérons, en particulier, la sécante
ADD' qui passe par le centre ; le produit précédent, indépendant de la sécante, sera
$$AD \times AD' = (AO + OD)(AO - OD)$$
$$= \overline{AO}^2 - \overline{OD}^2 = d^2 - r^2,$$
en appelant d la distance du point A au centre et r le
rayon.

Nous avons supposé ici le point A extérieur au cercle ;
la démonstration serait la même si A était intérieur au
cercle ; la valeur du produit serait
$$r^2 - d^2.$$

REMARQUE II. — Dans le cas où A est extérieur, on peut mener une tangente AT, et dans le triangle rectangle AOT, on a

$$\overline{AT}^2 = \overline{AO}^2 - \overline{OT}^2 = d^2 - r^2,$$

$\overline{AT}^2$ est donc égal au produit $AB \times AC$, ce qui donne le théorème suivant :

La tangente issue d'un point A du plan d'un cercle est moyenne proportionnelle entre une sécante entière issue de ce point et sa partie extérieure.

Ce théorème peut d'ailleurs se démontrer exactement comme le précédent au moyen de triangles semblables que l'on formerait comme plus haut en joignant le point T de contact aux points B et C.

299. Réciproques. — I. *Étant données deux droites concourantes ABC, AB'C', et sur ces droites des points B, C et B', C' tels que A soit à la fois entre B et C et entre B' et C', ou à la fois en dehors des segments BC, B'C', les quatre points B, C, B', C' sont sur un cercle, si l'on a*

$$AB \times AC = AB' \times AC'.$$

Supposons (*fig.* 262), par exemple, A en dehors des segments BC, B'C' et faisons passer un cercle par les points B, C, B' ; ceci est possible et d'une seule façon, puisque ces points ne sont pas en ligne droite. Ce cercle coupe la droite AB' en un point C_1 et, d'après le théorème direct (298), on a

$$AB \times AC = AB' \times AC_1.$$

De plus, on a, par hypothèse,

$$AB \times AC = AB' \times AC';$$

on en conclut
$$AC' = AC_1.$$

D'autre part, C_1 et C' sont, par rapport à A, du même côté que B′ puisque A n'est pas entre B′ et C′ et qu'il n'est pas entre B′ et C_1, étant extérieur au cercle BCB′; il en résulte que C_1 et C′ coïncident; les points B, C, B′, C′ sont ainsi sur un même cercle.

II. — *Étant données deux droites distinctes* ABC, AT *et sur ces droites des points* B *et* C, *d'une part,* T *d'autre part, tels que* A *ne soit pas entre* B *et* C, *le cercle qui passe par les points* B, C, T *est tangent à la droite* AT, *si l'on a*
$$\overline{AT}^2 = AB \times AC.$$

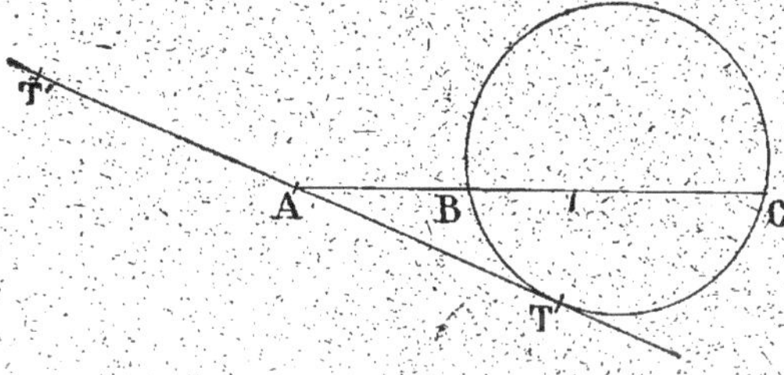

Faisons passer un cercle par les trois points B, C, T; s'il n'était pas tangent à AT, il cou-

Fig. 263.

perait cette droite en un second point T′, et on aurait
$$AT \times AT' = AB \times AC.$$

Comme on a, d'autre part,
$$\overline{AT}^2 = AB \times AC,$$
on en conclurait
$$AT \times AT' = \overline{AT}^2 \quad \text{ou} \quad AT = AT';$$
le point T′ ne peut donc exister à moins d'être symétrique de T par rapport à A; mais A serait entre T et T′ et en dehors du segment BC, et un cercle ne pourrait passer par les points B, C, T, T′; on en conclut que T′ ne peut

exister et que le cercle BCT est tangent en T à AT. On peut aussi dire que T' coïncide avec T, le cercle rencontrant la tangente en deux points confondus.

Exercices numériques.

1. Un triangle a pour côtés 3^m, 5^m et 6^m; 1° calculer les segments déterminés par les bissectrices intérieures sur les côtés du triangle; 2° calculer le rapport dans lequel le centre du cercle inscrit partage ces bissectrices; 3° par le centre du cercle inscrit on mène des parallèles aux côtés, calculer les segments qu'elles déterminent sur les côtés.

2. Les bases d'un trapèze ont pour longueurs 8^m et 12^m; les côtés non parallèles ont pour longueurs 3^m et 5^m; trouver les longueurs des côtés du triangle obtenu en prolongeant ces côtés.

3. Les bases d'un trapèze ont pour longueurs 6^m et 11^m; les diagonales ont pour longueurs 5^m et 14^m; calculer les segments déterminés sur ces diagonales par leur point de rencontre, ainsi que le rapport des aires des triangles ayant pour sommet le point de rencontre des diagonales et pour bases respectivement les bases du trapèze.

4. Dans un trapèze la droite qui joint les milieux des côtés non parallèles a pour longueur 16^m; les distances du point de rencontre des diagonales aux bases sont dans le rapport $\dfrac{3}{5}$; calculer les bases.

5. Un triangle ABC a pour côtés $AB = 3^m$, $BC = 6^m$, $CA = 5^m$; on mène les bissectrices de l'angle A; calculer les distances de leurs pieds au milieu de BC et vérifier que le produit des nombres qui mesurent ces distances est égal à 9.

6. Dans un triangle rectangle dont les côtés de l'angle droit ont pour longueurs $2^m,1$ et $2^m,8$, on mène les tangentes au cercle inscrit parallèlement à ces côtés; calculer les segments qu'elles déterminent sur ces côtés et sur l'hypoténuse, ainsi que les longueurs de ces tangentes limitées aux côtés du triangle.

7. Les diagonales d'un losange ont pour longueurs $10^m,5$ et 14^m; on mène au cercle inscrit des tangentes parallèles aux diagonales; calculer les longueurs de ces tangentes limitées aux côtés, les longueurs des segments qu'elles déterminent sur les côtés et sur les diagonales.

8. Deux cercles tangents extérieurement ont pour rayons 3^m et 2^m ; on leur mène une tangente commune extérieure qui coupe la ligne des centres en S ; calculer les distances du point S aux points de contact et aux centres.

9. Deux cercles ont pour rayon 3^m et 5^m ; la distance des centres est 10^m ; les tangentes communes extérieures se coupent en S, les tangentes communes intérieures se coupent en S' ; calculer la distance SS' et les longueurs de ces tangentes.

10. Un point A est à la distance 7^m du centre d'un cercle de rayon 3^m ; calculer la longueur d'une sécante issue de ce point sachant que le rapport de la partie extérieure à la sécante entière est $\dfrac{9}{10}$.

11. Un point A est à une distance $20^m,4$ du centre d'un cercle de rayon $9^m,6$; par ce point on mène une sécante dont la partie extérieure a 16^m ; calculer la longueur de la corde interceptée sur cette sécante par le cercle, ainsi que sa distance au centre.

12. Une corde d'un cercle a pour longueur $2^m,58$, le rayon du cercle étant 3^m ; calculer la distance au centre d'un point de cette corde qui la partage en deux segments dont le rapport est 0,29.

13. On inscrit dans un cercle de rayon 5^m un octogone régulier étoilé ; calculer son côté. Deux côtés de cet octogone se coupent en un point A ; calculer les segments déterminés par ce point et la distance de ce point au centre du cercle.

14. On donne trois points A, B, C en ligne droite, tels que $AB = 6^m$, $BC = 8^m,64$; un cercle passe par les points B et C ; calculer la longueur de la tangente issue de A au cercle ; calculer le rayon de ce cercle, sachant que la distance du centre au point A est 19^m.

CHAPITRE III

NOTIONS DE TRIGONOMÉTRIE

300. Définitions. — Nous avons défini (Géométrie plane), (178), le sinus, le cosinus, la tangente d'un angle aigu ; l'introduction des nombres négatifs permet de généraliser les définitions données et conduit à des relations très simples entre les éléments d'un triangle.

Considérons une droite indéfinie X'X et en un point O, la demi-droite OY perpendiculaire à X'X ; nous choisirons, comme sens positif, sur X'X le sens de X' vers X, et sur OY le sens de O vers Y. Si une demi-droite tourne dans le sens direct (que nous supposerons être celui qui amène OX sur OY par rotation d'un angle droit), elle est d'abord dans l'angle XOY, puis dans l'angle YOX', suivant que son angle avec OX est aigu ou obtus. Dans le

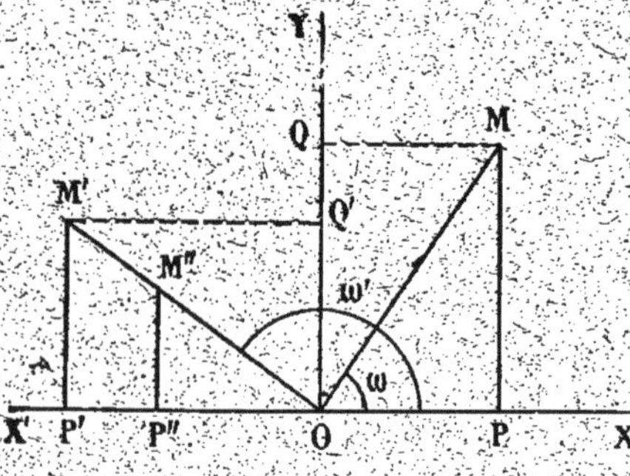

Fig. 264.

premier cas, les projections de OM sur X'X et sur OY sont des vecteurs $\overline{OP}$ et $\overline{OQ}$ mesurés par des nombres positifs; dans le second cas, la projection de OM' sur X'X est un vecteur $\overline{OP'}$ mesuré par un nombre négatif et sa projection $\overline{OQ'}$ sur OY est mesurée par un nombre positif.

Par définition, on appellera *sinus* de l'angle ω ou de l'angle ω' le rapport $\dfrac{\overline{OQ}}{OM}$ ou le rapport $\dfrac{\overline{OQ'}}{OM}$, *cosinus* de l'angle ω ou de l'angle ω' le rapport $\dfrac{\overline{OP}}{OM}$ ou le rapport $\dfrac{\overline{OP'}}{OM}$, *tangente* de l'angle ω ou de l'angle ω' le rapport $\dfrac{\overline{OQ}}{OP}$ ou le rapport $\dfrac{\overline{OQ'}}{OP'}$, *cotangente* de l'angle ω ou de l'angle ω' le rapport $\dfrac{\overline{OP}}{OQ}$ ou le rapport $\dfrac{\overline{OP'}}{OQ'}$.

Ces rapports, comme on l'a vu en Géométrie plane, sont indépendants de la longueur OM et ne dépendent que de l'angle aigu ω; il est facile de voir qu'il en est de même s'il agit de l'angle obtus ω'; ainsi, on a, d'après le théorème de Thalès,

$$\frac{\overline{OP''}}{\overline{OM''}} = \frac{\overline{OP'}}{\overline{OM'}};$$

comme, d'autre part $\overline{OP''}$ et $\overline{OP'}$ sont tous les deux négatifs, les rapports $\dfrac{\overline{OP'}}{\overline{OM'}}$ et $\dfrac{\overline{OP''}}{\overline{OM''}}$, qui ont même valeur absolue et qui sont négatifs, sont égaux; on représente ces rapports par les notations *sin* ω, *cos* ω, *tg* ω, *cotg* ω relativement à l'angle ω.

301. Angles supplémentaires. — Si l'on considère deux angles supplémentaires formés avec OX, par les droites égales OM, OM', les demi-droites OM, OM' sont symétriques par rapport à OY (*fig*. 265) ; les projections P et P' des points M et M' sur X'OX sont symétriques par rapport au point O et leurs projections Q, Q' sur OY sont confondues ; il en résulte que les sinus de ces angles sont égaux, que leurs cosinus, leurs tangentes et leurs cotangentes sont respectivement opposés.

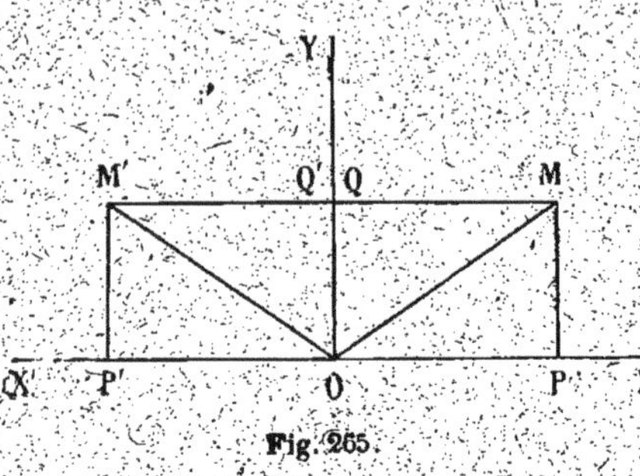

Fig. 265.

302. Angles complémentaires. — Si l'on se borne au cas des angles aigus, deux demi-droites égales, OM, OM', qui font avec OX des angles complémentaires (*fig*. 266), sont telles que les angles POM, M'OQ' soient égaux ; les triangles rectangles POM, M'OQ' ont alors l'hypoténuse égale (OM = OM') et un angle aigu égal ; ils sont égaux

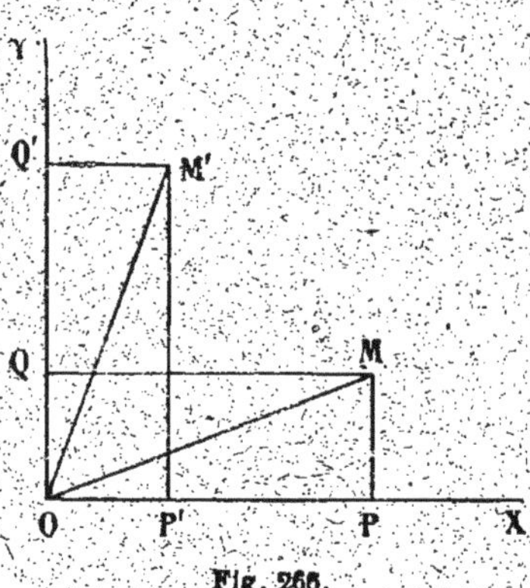

Fig. 266.

et on a

$$\overline{OQ} = \overline{MP} = \overline{M'Q'} = \overline{OP'}, \qquad \overline{OP} = \overline{OQ'}.$$

On en déduit les égalités

$$\frac{\overline{OP}}{\overline{OM}} = \frac{\overline{OQ'}}{\overline{OM'}}, \qquad \frac{\overline{OP'}}{\overline{OM'}} = \frac{\overline{OQ}}{\overline{OM}}, \qquad \ldots,$$

ce qui exprime que le sinus, le cosinus, la tangente, la cotangente d'un angle sont égaux respectivement au cosinus, au sinus, à la cotangente, à la tangente du complément; c'est d'ailleurs cette propriété qui a fait choisir les mots cosinus et cotangente, abréviations de sinus et tangente du complément.

303. Relations entre sin ω, cos ω, tg ω, cotg ω. — 1° On a, par définition,

$$\sin \omega = \frac{\overline{OQ}}{\overline{OM}}, \qquad \cos \omega = \frac{\overline{OP}}{\overline{OM}};$$

on en déduit, par division,

$$\frac{\sin \omega}{\cos \omega} = \frac{\overline{OQ}}{\overline{OP}}, \qquad \frac{\cos \omega}{\sin \omega} = \frac{\overline{OP}}{\overline{OQ}},$$

ou, d'après les définitions de tg ω et cotg ω,

$$\mathrm{tg}\,\omega = \frac{\sin \omega}{\cos \omega}, \qquad \mathrm{cotg}\,\omega = \frac{\cos \omega}{\sin \omega},$$

et

$$\mathrm{tg}\,\omega = \frac{1}{\mathrm{cotg}\,\omega}.$$

2° Dans le triangle rectangle OPM, on a

$$\overline{OP}^2 + \overline{PM}^2 = \overline{OM}^2,$$

ou, en divisant par $\overline{OM}^2$,

$$\frac{\overline{OP}^2}{\overline{OM}^2} + \frac{\overline{PM}^2}{\overline{OM}^2} = 1,$$

$$\left(\frac{\overline{OP}}{OM}\right)^2 + \left(\frac{\overline{OQ}}{OM}\right)^2 = 1,$$

et, si l'on remarque que le carré de $\dfrac{\overline{OP}}{OM}$ et le carré de $\dfrac{\overline{OQ}}{OM}$

sont toujours égaux à $\left(\dfrac{OP}{OM}\right)^2$ et $\left(\dfrac{OQ}{OM}\right)^2$, on en déduit

$$\cos^2 \omega + \sin^2 \omega = 1.$$

304 Variations de sin ω, cos ω, tg ω, cotg ω. — Faisons tourner une demi-droite OM de longueur constante autour du point O (*fig.* **267**); le point M décrira un demi-cercle de rayon OM et de centre O; la projection P du point M sur X'X se déplacera de droite à gauche depuis une position

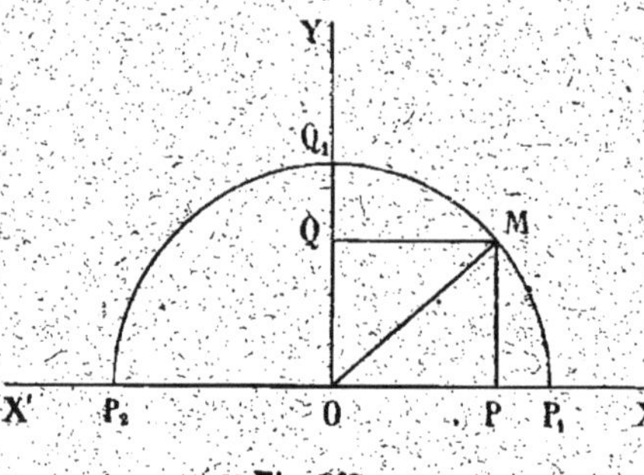

Fig. 267.

P_1 jusqu'à une position P_2 telles que

$$OP_1 = OP_2 = OM.$$

Le rapport $\dfrac{\overline{OP}}{OM}$, positif quand l'angle croît de 0 à 1 droit, décroît de 1 à 0; il est négatif quand l'angle croît de 1 droit à 2 droits et décroît de 0 à — 1.

La projection Q sur OY se déplace de O à Q, quand l'angle croît de 0 à 1 droit; le rapport $\dfrac{\overline{OQ}}{OM}$, positif, croît de 0 à 1; Q se déplace ensuite de Q_1 à O, quand l'angle croît de 1 droit à 2 droits ; le rapport $\dfrac{\overline{OQ}}{\overline{OM}}$ décroît alors de 1 à 0.

En résumé, le *cosinus* décroît de $+1$ à -1 si l'angle croît de 0 à 2 droits ; il est nul si l'angle est droit ; le *sinus* croît de 0 à 1 quand l'angle croît de 0 à 1 droit, puis décroît de 1 à 0 quand l'angle croît de 1 droit à 2 droits ; il passe par un maximum si l'angle est droit.

Il est facile d'en déduire les variations de la tangente et de la cotangente. Considérons la tangente ; le rapport

$$\text{tg } \omega = \frac{\sin \omega}{\cos \omega}$$

croît quand l'angle varie de 0 à 1 droit, puisque le numérateur croît et que le dénominateur décroît ; il est nul si $\omega = 0$ et prend des valeurs de plus en plus grandes si ω tend vers 1 droit ; pour $\omega = 1$ droit, tg ω n'existe pas ; on dit que tg ω augmente indéfiniment ; si l'angle varie de 1 droit à 2 droits, le rapport $\dfrac{\sin \omega}{\cos \omega}$ est négatif et décroît en valeur absolue pour arriver à 0 pour $\omega = 2$ droits ; tg ω croît donc de valeurs négatives très grandes en valeur absolue à 0. On voit de même que la cotangente décroît constamment depuis des valeurs positives très grandes jusqu'à 0, puis jusqu'à des valeurs négatives très grandes en valeur absolue, quand l'angle croît de 0 à 1 droit, puis à 2 droits.

Remarque. — Ce qui précède montre que le cosinus, la tangente et la cotangente ne prennent jamais deux fois la même valeur quand l'angle varie de 0 à 2 droits ; il en résulte que si l'on se donne *a priori* la valeur d'un cosinus (pourvu que cette valeur soit comprise entre -1 et $+1$), la valeur d'une tangente ou celle d'une cotan-

gente, il lui correspondra un angle unique, bien déterminé et inférieur à 2 droits. Au contraire, le sinus prenant deux fois les valeurs comprises entre 0 et 1, à un
nombre a compris entre 0 et 1, il correspondra deux
angles, l'un aigu, l'autre obtus, dont le sinus soit a :
l'angle ne sera pas bien déterminé si on connaît son
sinus.

305. Représentation graphique. — On peut, comme on
l'a déjà fait en algèbre, représenter graphiquement les
variations du sinus, du cosinus et de la tangente ; nous
supposerons que l'angle est supprimé en radians et nous
porterons sur l'axe Ox des longueurs mesurées par les
valeurs de l'angle, sur l'axe Oy des longueurs mesurées
par les valeurs absolues du sinus, du cosinus ou de la tangente, en remarquant que, ces lignes pouvant être négatives, on devra porter les longueurs correspondantes au-
dessous de Ox.

1° *Sinus.* Portons sur Ox les longueurs $\dfrac{\pi}{2}$ et π ; le

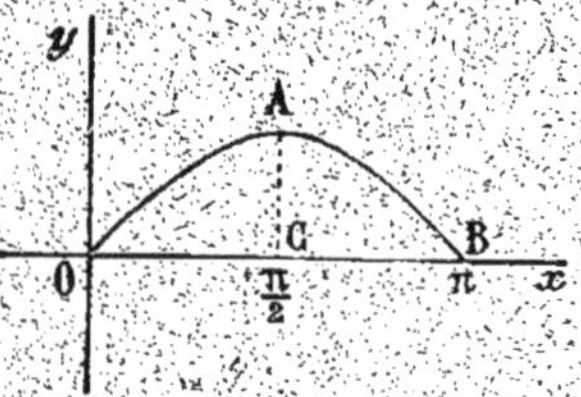

Fig. 268.

sinus partant de 0 pour croî-
tre jusqu'à 1 et décroître ensuite jusqu'à 0, la courbe s'élé-
vera d'abord pour revenir jusqu'à l'axe Ox quand $x = \pi$,
on peut remarquer que les
deux arcs OA, AB sont symétriques par rapport à AC (*fig.* 268).

2° *Cosinus.* Le cosinus a d'abord la valeur 1, décroît

jusqu'à 0 pour l'arc $\dfrac{\pi}{2}$, devient négatif pour atteindre la valeur — 1 pour l'arc π; la courbe a donc la forme ci-contre (*fig.* 269) et on peut remarquer qu'elle est formée de deux arcs AB, BC symétriques par rapport au point B.

3° *Tangente*. Traçons la parallèle zAz′ à Oy menée par le point A tel que OA soit mesuré par $\dfrac{\pi}{2}$; la tangente part de 0 et augmente de plus en plus quand

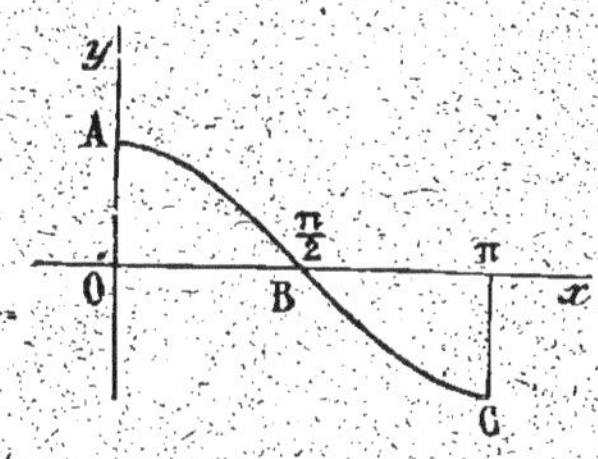

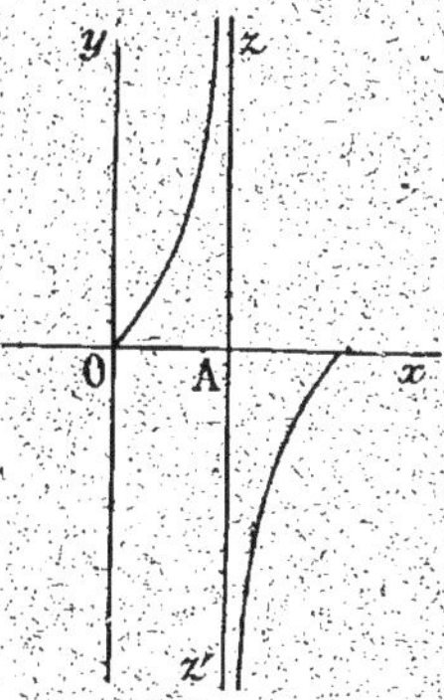

Fig. 269. Fig. 270.

l'angle se rapproche de $\dfrac{\pi}{2}$; la courbe ira en s'élevant et en se rapprochant de plus en plus de Az.

Ensuite, la tangente devient négative; la courbe est d'abord très voisine de Az′ et se rapproche de Ox, qu'elle atteint à la distance π de l'origine.

Les deux arcs de courbe sont symétriques par rapport au point A et ont zAz′ pour *asymptote*.

306. Tables trigonométriques. — Les relations que nous avons établies (303) permettent de calculer le cosinus, la tangente et la cotangente d'un angle dont on connaît le sinus; de telle sorte que le problème de la détermination de ces quantités est ramené au calcul du sinus. Or, on voit que si MOX (*fig.* 267) est un angle aigu, la longueur MP est la moitié de la corde qui correspond à un angle double de MOX ; d'autre part, nous savons trouver les côtés de certains polygones réguliers ; leurs moitiés donneront les valeurs des sinus des angles moitiés des angles au centre de ces polygones. On conçoit que l'on puisse de cette façon résoudre le problème proposé ; en réalité, il existe d'autres moyens plus simples qui ont permis d'y parvenir.

Nous donnons à la fin du volume une table dans laquelle sont inscrites les valeurs des sinus, cosinus, tangentes et cotangentes des angles de 0° à 90° et 0^r à 100^r, ces angles se succédant de degré en degré ou de grade en grade. Comme le sinus et le cosinus de deux angles complémentaires sont égaux, ainsi que la tangente et la cotangente, on a adopté une disposition qui permet de réduire ces tables.

Dans la première colonne de gauche, on a inscrit les nombres de degrés de 0 à 45 ou de grades de 0 à 50 ; dans la dernière colonne de droite, on a inscrit ces nombres de 90 à 45 ou de 100 à 50, de telle sorte que deux nombres situés sur une même ligne correspondent à des angles complémentaires.

Les colonnes intermédiaires (1) donnent les valeurs des sinus, cosinus, tangentes et cotangentes, que l'on trouve, pour les angles $< 45°$, dans les colonnes qui portent ces mots en haut de la colonne et, pour les angles $> 45°$, dans les colonnes qui portent ces mots en bas de la colonne. Ainsi, pour trouver sin. 35°, on cherche dans la *première* colonne de gauche le nombre 35 ; sur la ligne correspon-

---

(1) Les valeurs ont été calculées avec 4 décimales exactes ; quand le nombre est une valeur par excès, il est affecté d'un asté-risque.

dante, on lit dans la colonne marquée *sin* en haut, le nombre 0,5736; de même, on obtient cos 62^r en lisant dans la colonne de droite le nombre 62 et, sur la même ligne, dans la colonne marquée *cos* en bas, on trouve le nombre cherché 0,5621 *.

307. Problème I. — *Calculer le sinus ou la tangente d'un angle donné.*

Ce calcul est immédiat si l'angle ne contient que des degrés ou des grades; s'il n'en est pas ainsi, on remarquera que les variations du sinus sont à peu près constantes entre certaines limites; on peut admettre alors que l'angle variant de 1° ou 1^r, le sinus varie proportionnellement; ceci permettra de calculer le sinus d'un angle où figurent des minutes.

EXEMPLE. — *Trouver sin* 35°14'.

Nous trouvons 0,5736 pour la valeur de sin 35° et 0,5878 pour la valeur de sin 36°; le sinus augmente de 0,0142 quand l'angle augmente de 60'; à une augmentation de 1' correspond l'accroissement de $\dfrac{0,0142}{60}$, et à une augmentation de 14' correspond l'accroissement de $\dfrac{0,0142 \times 14}{60}$, ou 0,0033; la valeur cherchée est 0,5736 + 0,0033 = 0,5769. On dispose les calculs comme ci-dessous

$$\begin{array}{rl} \text{sin } 35^o & = 0,5736 \\ \text{pour } 14' & 33 \\ \hline \text{sin } 35^o \, 14' & = 0,5769 \end{array}$$

Les mêmes remarques sont applicables à la tangente, sauf lorsque l'angle est voisin d'un angle droit; on pourra, par exemple, admettre la proportionnalité de 0° à 45° ou de 0^r à 50^r ; dans les autres cas, on calculera la cotangente et on en prendra l'inverse.

Problème II. — *Calculer le cosinus et la cotangente d'un angle donné.*

La règle de proportionnalité est applicable, sauf s'il s'agit du calcul de la cotangente d'un petit arc ; on calculera alors sa tangente et on prendra l'inverse. Toutefois, on remarquera que le cosinus et la cotangente varient en sens inverse de l'angle, de sorte qu'au lieu d'ajouter ce qui correspond aux minutes, il faut le retrancher.

Exemple. — *Calculer* cos $62^r,48$.

On trouve dans la table

$$\cos 62^r = 0,5621,$$
$$\cos 63^r = 0,5490.$$

La différence est $0,0131$ et elle correspond à 100 ; la différence qui correspond à 48 est donc $0,0131 \times 0,48 = 0,0063$, qu'il faut retrancher de $0,5621$:

$$\cos\ 62^r\quad = 0,5621$$
$$\text{pour } 0^r,48 \quad\ - 63$$
$$\overline{\cos 62^r,48 = 0,5558}$$

308. Problème inverse. — *Trouver un angle, connaissant le sinus, le cosinus, la tangente ou la cotangente.*

Le procédé est le même ; supposons que l'on cherche l'angle dont le cosinus est $0,6784$.

Dans la colonne qui porte *cos* en bas, nous trouvons, en lisant les degrés dans la colonne de droite :

$$\cos 48° = 0,6691,$$
$$\cos 47° = 0,6820.$$

dont la différence est 0,0129 ; la différence entre cos 47 et le nombre donné est 0,0036 ; le nombre de minutes à ajouter à 47° sera $\dfrac{60 \times 0,0036}{0,0129} = 16'$. On dispose les calculs comme ci-dessous :

$$\cos 47° = 0,6820$$
$$\text{pour } 16' = -36$$
$$\cos 47°16' = 0,6784$$

REMARQUE. — Lorsque la variation du sinus, du cosinus, etc. est très faible, l'angle est mal déterminé ; aussi, ne peut-on alors l'avoir qu'en degrés ou grades ; c'est ce qui se présente pour le cosinus d'un angle très petit, pour le sinus d'un angle voisin de 90°.

Exercices numériques.

1. Quel est l'angle dont la tangente est 1 ou —1 ?

2. Calculer le sinus, le cosinus, la tangente et la cotangente des angles suivants :

$$45°, \quad 30°, \quad 60° ;$$
$$150^{\text{r}}, \quad 25^{\text{r}}, \quad 125^{\text{r}}.$$

3. Le cosinus d'un angle est 0,82 ; trouver sans se servir des tables, son sinus, sa tangente et sa cotangente.

4. Même problème, en supposant le cosinus égal à —0,56.

5. Calculer, sans se servir des tables, le cosinus, la tangente et la cotangente d'un angle dont le sinus est 0,38. (Deux solutions.)

6. Comment peut-on calculer le sinus et le cosinus d'un angle dont on donne la tangente ?

7. Calculer, sans se servir des tables, le sinus et le cosinus des angles dont les tangentes sont

$$4,5 ; \quad 43,7 ; \quad -3,8 ; \quad -17,9.$$

8. Calculer, au moyen des tables, le sinus, le cosinus, la tangente et la cotangente des angles suivants :

$$2°15', \quad 15°18', \quad 33°10', \quad 56°18', \quad 65°12' ;$$
$$6^{\text{r}},4, \quad 35^{\text{r}},85, \quad 130^{\text{r}},10, \quad 152^{\text{r}},5, \quad 175^{\text{r}},25.$$

9. Calculer, au moyen des tables, les angles qui ont pour sinus ou pour cosinus

0,0852,   0,1438,   0,5465,   0,7635 ;

calculer ensuite leurs tangentes; vérifier les résultats par un calcul sans se servir des tables.

10. Calculer, au moyen des tables, les angles qui ont pour tangentes

0,1456,   0,2375,   0,8926,   1,453,   12,851 ;

calculer ensuite leur cosinus et leur sinus, puis vérifier les résultats sans se servir des tables.

11. Quelles sont les relations entre les sinus, cosinus, tangentes et cotangentes de deux angles dont la différence est 1 droit ?

12. On connaît le cosinus d'un angle a ; comment peut-on calculer le sinus et le cosinus de l'angle $\dfrac{a}{2}$?

CHAPITRE IV

RELATIONS MÉTRIQUES DANS UN TRIANGLE

309. Théorème I. — *Le carré du côté d'un triangle, opposé à un angle aigu est égal à la somme des carrés des deux autres côtés, diminuée du double produit du second côté par la projection du troisième côté sur le second.*

Soit $BC = a$ le côté opposé à l'angle aigu A; si l'on mène la hauteur BH, son pied H est du même côté que C par rapport à A; on a donc une des dispositions

A, H, C;   A, C', H.

Dans le premier cas, on a, dans les triangles rectangles BCH, ACH,

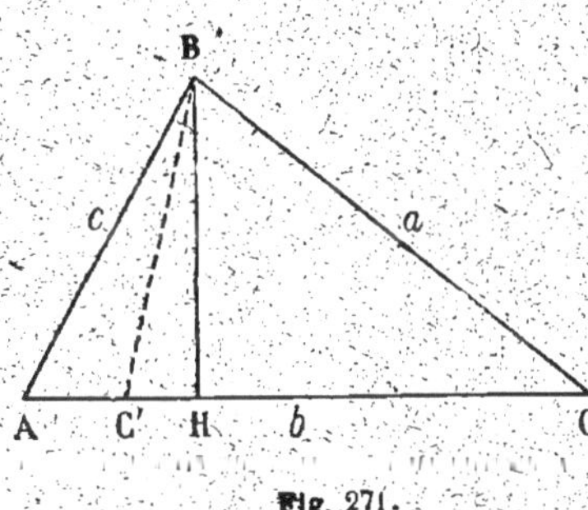

Fig. 271.

$$\overline{BC}^2 = \overline{BH}^2 + \overline{CH}^2,$$
$$\overline{BH}^2 = \overline{AB}^2 - \overline{AH}^2,$$

d'où

$$\overline{BC}^2 = \overline{AB}^2 + \overline{CH}^2 - \overline{AH}^2.$$

Or, CH est ici la différence entre AC et AH; on a donc

$$(1) \qquad \overline{BC}^2 = \overline{AB}^2 + (AC - AH)^2 - \overline{AH}^2$$
$$= \overline{AB}^2 + \overline{AC}^2 - 2AC \times AH.$$

Dans le second cas, la démonstration est la même, en remplaçant CH par C'H, c'est-à-dire par AH — AC', ce qui donne encore

$$(2) \quad \overline{BC}^2 = \overline{AB}^2 + (AH - AC')^2 - \overline{AH}^2.$$
$$= \overline{AB}^2 + \overline{AC'}^2 - 2AC' \times AH.$$

Si l'angle C était droit, la formule subsisterait, car AC et AH seraient égaux, et on aurait, d'après le théorème de Pythagore,

$$\overline{BC}^2 = \overline{AB}^2 - \overline{AC}^2 = \overline{AB}^2 + \overline{AC}^2 - 2\overline{AC}^2.$$

310. Théorème II. — *Le carré du côté d'un triangle opposé à un angle obtus est égal à la somme des carrés des deux autres côtés, augmentée du double produit du second côté par la projection du troisième côté sur le second.*

L'angle A étant obtus le pied de la hauteur BH n'est pas situé entre A et C; on a la disposition H, A, C.

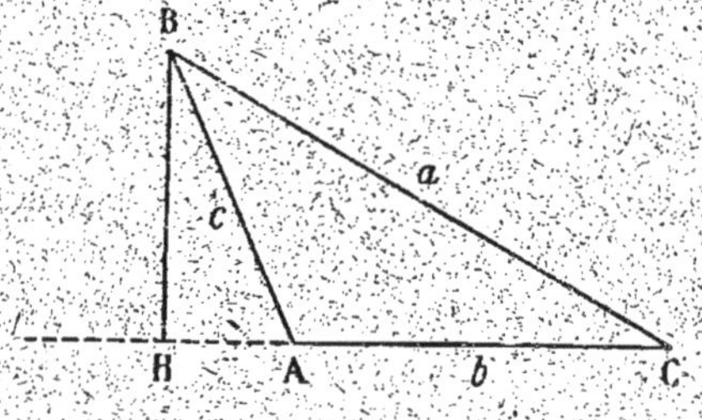

Dans les triangles rectangles BCH, BAH, on peut écrire

$$\overline{BC}^2 = \overline{BH}^2 + \overline{CH}^2,$$
$$\overline{BH}^2 = \overline{AB}^2 - \overline{AH}^2,$$

Fig. 272.

d'où

$$\overline{BC}^2 = \overline{AB}^2 + \overline{CH}^2 - \overline{AH}^2,$$

ou, en remarquant que CH est la somme de AH et AC,

$$(3) \quad \overline{BC}^2 = \overline{AB}^2 + (AH + AC)^2 - \overline{AH}^2$$
$$= \overline{AB}^2 + \overline{AC}^2 + 2AC \times AH.$$

311. Remarque. — Ces deux relations, qui correspondent l'une à un angle aigu, l'autre à un angle obtus, peuvent être réunies en une seule, si, au lieu de considérer des longueurs, on considère des vecteurs ; remarquons que dans les égalités (1) et (2) $\overline{AC}$ et $\overline{AH}$ ou $\overline{AC'}$ et $\overline{AH}$ ont toujours même sens, de sorte que le produit $\overline{AC} \times \overline{AH}$ est positif et est égal au produit $AC \times AH$; l'égalité (1) peut donc s'écrire (*fig.* 271)

$$\overline{BC}^2 = \overline{AB}^2 + \overline{AC}^2 - 2\overline{AC} \times \overline{AH}.$$

Dans l'égalité (3), si l'on remplace les longueurs AC et AH par les vecteurs $\overline{AC}$ et $\overline{AH}$, on forme un produit $\overline{AC} \times \overline{AH}$ qui est négatif, puisque C et H sont de part et d'autre de A ; il en résulte que l'égalité (3) prend la forme (*fig.* 272)

$$\overline{BC}^2 = \overline{AB}^2 + \overline{AC}^2 - 2\overline{AC} \times \overline{AH},$$

et on peut énoncer le théorème unique suivant :

Dans un triangle, le carré d'un côté est égal à la somme des carrés des deux autres côtés, diminuée du double produit des vecteurs constitués par l'un d'eux et par la projection de l'autre sur celui-là, ces vecteurs ayant pour origine commune le sommet commun à ces deux côtés.

Si l'on choisit comme sens positif le sens de A vers C, le rapport $\dfrac{\overline{AH}}{\overline{AB}}$ n'est autre chose que le cosinus de l'angle A du triangle, de sorte que la relation trouvée prend la forme

$$\overline{BC}^2 = \overline{AB}^2 + \overline{AC}^2 - 2AC \times AB \cos A,$$

ou
$$a^2 = b^2 + c^2 - 2bc \cos A,$$

relation qui permet de calculer l'angle A, connaissant les côtés du triangle.

312. Théorème III. — *La somme des carrés de deux côtés d'un triangle est égale au double du carré de la médiane relative au troisième côté, augmenté de la moitié du carré du troisième côté.*

Dans les triangles AMC, AMB (*fig.* 273) on a

$$\overline{AC}^2 = \overline{AM}^2 + \overline{MC}^2 - 2AM.MC \cos \widehat{AMC},$$

$$\overline{AB}^2 = \overline{AM}^2 + \overline{MB}^2 - 2AM.MB \cos \widehat{AMB};$$

les longueurs BM et MC sont égales, M étant le milieu de BC; les angles AMC, AMB sont supplémentaires; leurs cosinus sont opposés; de sorte qu'en ajoutant membre à membre les égalités précédentes, on trouve

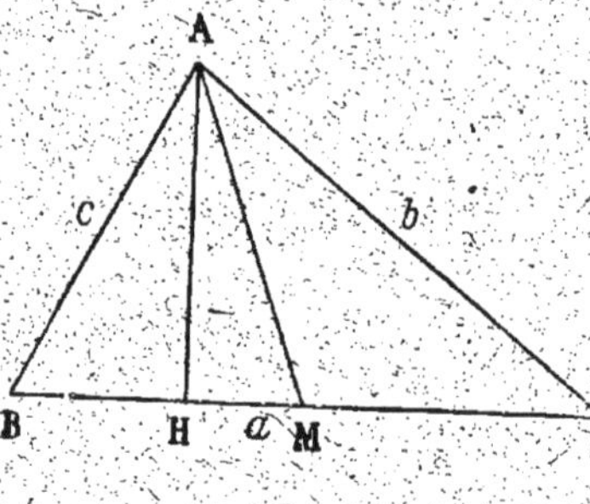

Fig. 273.

$$\overline{AC}^2 + \overline{AB}^2 = 2\overline{AM}^2 + 2\overline{BM}^2 = 2\overline{AM}^2 + \frac{\overline{BC}^2}{2}.$$

Corollaire. — *Le lieu des points dont la somme des carrés des distances à deux points fixes est une constante* k^2 *est un cercle.*

Soient B et C les points fixes, A un point du lieu (*fig.* 273); si l'on joint A au milieu M de BC, on a

$$k^2 = \overline{AC}^2 + \overline{AB}^2 = 2\overline{AM}^2 + \frac{\overline{BC}^2}{2},$$

$$\overline{AM}^2 = \frac{k^2}{2} - \frac{\overline{BC}^2}{4}.$$

La longueur AM est constante et le point A est sur le cercle de centre M et de rayon $\sqrt{\dfrac{k^2}{2} - \dfrac{\overline{BC}^2}{4}}$.

Réciproquement, tout point de ce cercle appartient au lieu ; A étant un point de ce cercle, on a, en effet,

$$\overline{AM}^2 = \frac{k^2}{2} - \frac{\overline{BC}^2}{4},$$

$$2\overline{AM}^2 + \frac{\overline{BC}^2}{2} = k^2,$$

ou

$$\overline{AB}^2 + \overline{AC}^2 = k^2.$$

Remarquons que le lieu n'existe que si k^2 est plus grand que $\dfrac{\overline{BC}^2}{2}$; dans le cas où $k^2 = \dfrac{\overline{BC}^2}{2}$, le seul point répondant à la question est le milieu de BC.

313. Théorème IV. — *La différence des carrés de deux côtés d'un triangle est égale au double produit du troisième côté par la projection de la médiane correspondante sur ce côté.*

Dans le triangle ABC (*fig.* 273), le côté AC est plus grand que le côté AB, puisque $\overline{AC}^2$ est supérieur à $\overline{AM}^2 + \overline{MC}^2$ et que $\overline{AB}^2$ est inférieur à cette même quantité ; on a, en retranchant $\overline{AB}^2$ de $\overline{AC}^2$,

$$\overline{AC}^2 - \overline{AB}^2 = 2AM \cdot MB \cos \widehat{AMB} - 2AM \cdot MC \cos \widehat{AMC},$$

ou, en remarquant que l'on a

$$MB = MC, \qquad \cos \widehat{AMC} = -\cos \widehat{AMB},$$

$$\overline{AC}^2 - \overline{AB}^2 = 4AM \cdot MB \cos \widehat{AMB} = 2BC \cdot AM \cos \widehat{AMB} ;$$

$AM \cos \widehat{AMB}$ étant la projection de AM sur BC, le théorème est démontré. On peut d'ailleurs remarquer que, si AC était plus petit que AB, la démonstration subsiste rait, cos $\widehat{AMB}$ serait négatif et la projection de la médiane serait négative, c'est-à-dire que le pied de la hauteur issue de A serait entre M et C.

Corollaire. — *Le lieu des points dont la différence des carrés des distances à deux points fixes B, C est constante est une droite perpendiculaire à BC.*

Si k^2 est cette constante, on a (*fig.* 273)

$$\overline{AC}^2 - \overline{AB}^2 = 2BC \times MH = k^2.$$

MH a une valeur constante et tous les points du lieu sont sur la perpendiculaire à BC menée par H.

Réciproquement, si A est un point de cette perpendiculaire, on a

$$2BC \times MH = k^2 = \overline{AC}^2 - \overline{AB}^2 ;$$

A appartient donc au lieu.

En particulier, si $k = 0$, le lieu est la perpendiculaire au milieu de BC.

Exercices numériques.

1. Les côtés d'un triangle ont pour longueurs 3^m, 4^m, 5^m ; que présente-t-il de particulier ? Calculer la hauteur relative au plus grand côté et les projections des autres côtés sur le plus grand.

2. Les côtés d'un triangle ont pour longueurs 3^m, 5^m et 7^m ; calculer les segments déterminés sur un côté par la hauteur correspondante et calculer cette hauteur.

3. Dans un triangle, l'angle A vaut 60°, les côtés qui le comprennent ont pour longueurs 3^m et 7^m ; calculer le troisième côté.

4. Calculer les diagonales d'un parallélogramme dont un angle vaut 30° et dont les côtés ont pour longueurs 4^{cm} et 6^{cm}.

5. Calculer les médianes d'un triangle dont les côtés ont pour longueurs 3^{cm}, 6^{cm} et 8^{cm}.

6. Deux côtés d'un triangle ont pour longueurs 3^{cm} et 5^{cm} ; la médiane correspondant au troisième côté a pour longueur $3^{cm},5$; calculer le troisième côté et les deux autres médianes.

7. Les médianes d'un triangle ont pour longueurs 3^{cm}, 4^{cm} et 5^{cm} ; calculer ses côtés.

8. Dans un trapèze isocèle, les bases ont pour longueurs 12^{cm} et 18^{cm} ; les côtés égaux ont pour longueur 6^{cm} ; calculer les diagonales.

9. Dans un parallélogramme, les diagonales ont pour longueurs 10^{cm} et 6^{cm} ; un côté est égal à 4^{cm} ; trouver l'autre côté.

10. Sur les côtés d'un triangle rectangle, de longueurs 3^m et 4^m et sur l'hypoténuse, on construit des carrés extérieurs ; calculer les longueurs des droites qui joignent les sommets consécutifs de ces carrés, autres que les sommets du triangle.

Théorèmes et Problèmes.

1. Démontrer que la somme des carrés des côtés d'un parallélogramme est égale à la somme des carrés des diagonales.

2. Démontrer que la somme des carrés des côtés d'un quadrilatère est égale à la somme des carrés des diagonales augmentée de quatre fois le carré de la droite qui joint les milieux des diagonales.

3. Trouver le lieu des points tels que la somme des carrés de leurs distances aux sommets d'un parallélogramme soit constante.

4. Si dans un parallélogramme ABCD. l'angle B est égal à 60°, démontrer que l'on a

$$\overline{BD}^2 = \overline{BC}^2 + \overline{CD}^2 + BC \times CD$$

5. Dans un triangle ABC, on mène la hauteur AH ; dans quel rapport le point H divise-t-il BC si l'on a

$$\overline{AB}^2 = \overline{AC}^2 + n.\overline{CH}^2 ?$$

6. Le carré de la base d'un triangle isocèle est égal au double produit d'un côté par la projection de la base sur ce côté.

7. Démontrer que la somme des carrés des médianes d'un triangle est les $\dfrac{3}{4}$ de la somme des carrés des côtés.

8. Calculer les hauteurs d'un triangle connaissant les côtés.

9. Trouver le lieu des points tels que la somme des carrés de leurs distances aux sommets d'un parallélogramme soit égale à la même somme relative à un autre parallélogramme.

10. Si du sommet d'un triangle isocèle ABC on mène une droite qui rencontre la base BC ou son prolongement en D, la différence entre les carrés de cette ligne et d'un côté du triangle est égale à $BD \times CD$.

11. Étant donnés deux cercles concentriques, démontrer que la somme des carrés des distances d'un point de l'un des cercles aux extrémités d'un diamètre de l'autre est constante.

12. Calculer la longueur d'une droite joignant le sommet A d'un triangle ABC à un point de BC qui partage cette base dans un rapport donné k, connaissant les côtés du triangle.

13. Démontrer que si M est un point du plan d'un triangle ABC et G le point de rencontre des médianes, on a

$$\overline{MA}^2 + \overline{MB}^2 + \overline{MC}^2 = \overline{AG}^2 + \overline{BG}^2 + \overline{CG}^2 + 3\overline{MG}^2.$$

14. Trouver le lieu des points M tels que, A et B étant des points fixes, on ait

$$\overline{MA}^2 \pm k.\overline{MB}^2 = l^2,$$

k et l étant des constantes données.

15. Trouver le lieu des points tels que la somme des carrés de leurs distances à trois points fixes soit constante.

CHAPITRE V

RÉSOLUTION DES TRIANGLES

Triangles rectangles.

314. Une des principales applications de la Trigonométrie est la *résolution* des triangles, c'est-à-dire le calcul des éléments inconnus (angles et côtés) d'un triangle, qui est déterminé au moyen de certains éléments.

Nous nous occuperons d'abord des triangles rectangles : pour simplifier l'écriture, nous désignerons constamment par A l'angle droit, par B et C les deux autres angles, par a, b, c les côtés opposés.

En se reportant aux définitions données au premier chapitre, on trouve :

$$b = a \cos C = a \sin B = c \operatorname{tg} B = c \operatorname{cotg} C,$$
$$c = a \cos B = a \sin C = b \operatorname{tg} C = b \operatorname{cotg} B$$

à ces relations, nous joindrons la suivante :

$$a^2 = b^2 + c^2.$$

On a immédiatement

$$C = 90^\circ - B, \qquad b = a \sin B, \qquad c = a \cos B,$$
ou $$C = 100^g - B, \qquad b = a \sin B, \qquad c = a \cos B.$$

EXEMPLE. — $a = 235^m, \qquad B = 40^\circ 53'.$

our calculer C, il est commode d'écrire $89^\circ 60'$ au lieu de 90°.

$$C = 89°60' - 40°53' = 49°7'.$$

Calculons ensuite $\sin B$ et $\cos B$.

$$\begin{array}{rl}
\sin 40° & = 0,6428 \\
\text{pour } 53' & 117 \\
\hline
\sin 40°53' & = 0,6545
\end{array}$$

$$\begin{array}{rl}
\cos 40° & = 0,7660 \\
\text{pour } 53' & 100° \\
\hline
\cos 40°53' & = 0,7560
\end{array}$$

$$b = 235 \times 0,6545 = 153^m,8075, \quad c = 235 \times 0,7560 = 177^m,660.$$

Le cosinus et le sinus étant calculés par défaut, ces valeurs de b et c sont approchées par défaut; si on augmente le sinus et le cosinus d'une unité du 4ᵉ ordre, on a des valeurs par excès

$$b = 153^m,831, \qquad c = 177^m,6835,$$

de sorte qu'à 1^{dm} près par défaut, les longueurs cherchées sont

$$b = 153^m,8 \qquad \text{et} \qquad c = 177^m,6.$$

2ᵉ cas : *Résoudre un triangle rectangle, connaissant b et B ou C.*

Le second angle est connu, étant le complément du premier ; on a, d'autre part,

$$a = \frac{b}{\sin B}, \qquad c = \frac{b}{\operatorname{tg} B},$$

ou

$$a = \frac{b}{\sin B}, \qquad c = a \cos B.$$

On emploiera le second système si l'angle B est voisin d'un angle droit, car nous savons que, dans ce cas, $\operatorname{tg} B$ est mal déterminée.

EXEMPLE. — $b = 352^m \qquad B = 75^r,45.$

On a

$$C = 100^r - 75^r,45 = 24^r,55.$$

On trouve

$$\sin B = 0,9265, \qquad a = \frac{352}{0,9265} = 379^m,9,$$

$$\cos B = 0,3761, \qquad c = 379,9 \times 0,3761 = 142^m,9,$$

ou en négligeant les déclimales,

$$a = 380^m, \qquad c = 143^m.$$

3e cas : *Résoudre un triangle rectangle, connaissant a et b.*
On peut calculer d'abord les angles par les formules

$$\sin B = \frac{b}{a}, \qquad B + C = 90^o \text{ ou } 100^r,$$

puis le côté c

$$c = \frac{b}{\operatorname{tg} B} = a \cos B.$$

Si l'angle B est mal déterminé par son sinus, c'est-à-dire si l'angle B est voisin d'un angle droit, supérieur à 75° ou 80^r, on calculera d'abord c par la formule

$$c = \sqrt{a^2 - b^2},$$

puis les angles par les relations

$$\operatorname{tg} B = \frac{b}{c} \text{ ou } \cos B = \frac{c}{a}, \qquad B + C = 90^o \text{ ou } 100^r.$$

Exemple. — $a = 243^m$, $b = 186^m$.
La première méthode donne

$$\sin B = \frac{186}{243} = 0,7654, \qquad B = 49^o 56',$$

$$\cos B = 0,6437, \qquad c = 243 \times 0,6437 = 156^m,4.$$

La seconde méthode donne

$$c = \sqrt{243^2 - 186^2} = 156^m,3 \qquad \cos B = \frac{156,3}{243} = 0,6432,$$

$$B = 49^o 58'.$$

Les deux résultats sont légèrement différents, par suite des erreurs commises dans les calculs approchés.

4e Cas : *Résoudre un triangle rectangle, connaissant b et c.*

On peut d'abord calculer les angles par les formules

$$\operatorname{tg} B = \frac{b}{c} \qquad \text{ou} \qquad \operatorname{tg} C = \frac{c}{b},$$

avec $\qquad B + C = 90^o \text{ ou } 100^r.$

puis l'hypoténuse par une des relations $a = \dfrac{b}{\sin B} = \dfrac{c}{\cos B}$.
On peut encore calculer directement a par la formule
$a = \sqrt{b^2 + c^2}$ et en déduire les angles.

Exemple. — $b = 452^m$, $c = 326^m$.

$$\text{tg}\, C = \frac{326}{452} = 0,7212, \quad C = 39^\text{r},77, \quad B = 60^\text{r},23,$$

$$\sin B = 0,8111, \quad a = \frac{452}{0,8111} = 557^m,$$

en forçant le dernier chiffre.

Le calcul direct de a donne 557^m par défaut.

Triangles quelconques.

315. Entre les angles d'un triangle quelconque existent les
relations

$$a^2 = b^2 + c^2 - 2bc \cos A,$$
$$b^2 = a^2 + c^2 - 2ac \cos B,$$
$$c^2 = a^2 + b^2 - 2ab \cos C ;$$

elles constituent un système d'équations, qui permettent de
calculer trois des quantités a, b, c, A, B, C, si l'on connait
les trois autres. On peut en déduire d'autres relations, qui
sont plus simples dans certains cas ; rappelons d'abord que
l'on a $A + B + C = 180^\circ$ ou 200^r ; nous démontrerons, de
plus, le théorème suivant :

Théorème. — *Dans un triangle, les côtés sont proportionnels aux sinus des angles opposés.*

Supposons d'abord que l'on considère les angles aigus
(*fig.* 274) et menons la hauteur AH ; on a dans les triangles
rectangles ABH, ACH,

$$AH = AB \sin B = AC \sin C,$$

ou

$$c \sin B = b \sin C, \quad \frac{c}{\sin C} = \frac{b}{\sin B}.$$

Si l'angle est obtus (*fig.* 274), on a
$$AH = AB \sin ABH = AC \sin C;$$
mais, $\widehat{ABH}$ étant le supplément de l'angle B du triangle, a

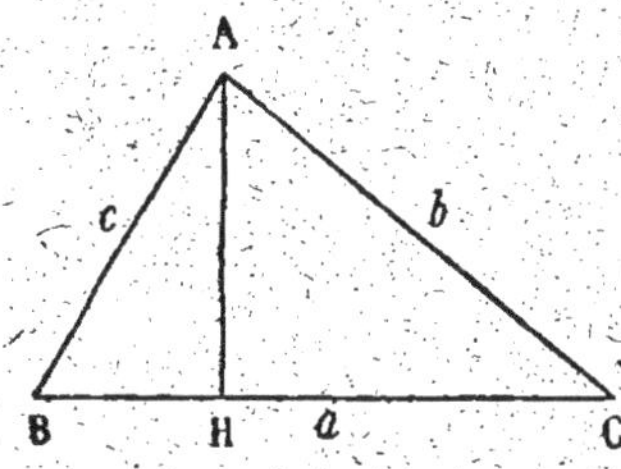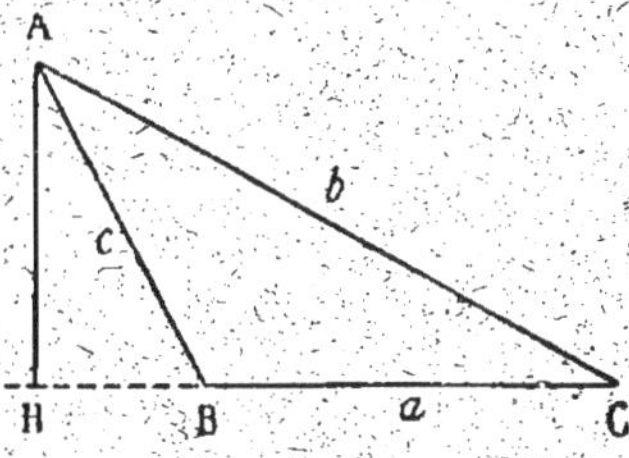

Fig. 274

même sinus que ce dernier ; on a donc encore
$$c \sin B = b \sin C, \qquad \frac{c}{\sin C} = \frac{b}{\sin B}.$$
Nous trouvons ainsi une nouvelle série de relations
$$\frac{a}{\sin A} = \frac{b}{\sin B} = \frac{c}{\sin C}.$$

316. A l'aide de ces différentes relations, nous pouvons résoudre les triangles quelconques ; nous examinerons quelques cas.

1er Cas : *Résoudre un triangle, connaissant un côté a et deux angles.*

Le troisième angle est déterminé par la relation
$$A + B + C = 180° \text{ ou } 200^r$$
et les côtés b et c sont connus à l'aide des formules
$$b = \frac{a \sin B}{\sin A}, \qquad c = \frac{a \sin C}{\sin A}.$$

Exemple. — $a = 352^m$, $B = 42°15'$,   C $= 67°35'$.
On a d'abord
$$A = 179°60' - 109°50' = 70°10'.$$

$$\sin A = 0,9407, \qquad \sin B = 0,6723, \qquad \sin C = 0,9244.$$

$$b = \frac{352 \times 0,6723}{0,9407}, \qquad c = \frac{352 \times 0,9244}{0,9407},$$

$$b = 251^m, \qquad c = 345^m.$$

2ᵉ Cas : *Résoudre un triangle, connaissant b, c, A.*

On calculera a par la formule $a = \sqrt{b^2 + c^2 - 2bc \cos A}$ et les angles par les formules

$$\sin B = \frac{b \sin A}{a}, \qquad \sin C = \frac{c \sin A}{a}.$$

On pourrait déduire la valeur de C de celles de A et B ; mais il est préférable de la calculer comme il vient d'être indiqué, pour vérifier ensuite que la somme $A + B + C$ est 180° ou 200ᵍ.

Exemple. — $b = 165^m$, $c = 231^m$, $A = 65°18'$.
On a successivement

$$\sin A = 0,9085, \qquad \cos A = 0,4178, \qquad a = 22\,^m,7.$$

$$\sin B = \frac{165 \times 0,9085}{220,7} = 0,6792, \qquad B = 42°46',$$

$$\sin C = \frac{231 \times 0,9085}{220,7} = 0,9509, \qquad C = 71°57'.$$

Vérification : $65°18' + 42°46' + 71°57' = 180°1'$.

3ᵉ Cas : *Résoudre un triangle, connaissant a, b, c.*

On calculera les angles par les formules

$$\cos A = \frac{b^2 + c^2 - a^2}{2bc}, \qquad \cos B = \frac{c^2 + a^2 - b^2}{2ac},$$

$$\cos C = \frac{a^2 + b^2 - c^2}{2ab}.$$

Exemple. — $a = 105^m$, $b = 172^m$, $c = 207^m$.

$$\cos A = \frac{61408}{71208} = 0,8623, \qquad A = 33ᵍ,79,$$

$$\cos B = \frac{24290}{43470} = 0,5587, \qquad B = 62ᵍ,26,$$

$$\cos C = -\frac{2240}{36120} = -0,0620, \qquad C = 103ᵍ,95.$$

Ici, nous avons une valeur négative pour cos C; le cosinus du supplément est 0,0620; l'angle $200^r - C$ est alors $96^r,05$ et on a ainsi $C = 103^r,95$.

Vérification : $33,79 + 62,26 + 103,95 = 200$.

Exercices (¹).

1°. Résoudre un triangle rectangle, connaissant :

$$a = 305^m, \qquad B = 75°6';$$
$$a = 187^m, \qquad B = 39^r,8;$$
$$b = 72^m, \qquad B = 67°15';$$
$$b = 18^m, \qquad B = 70^r,25$$
$$a = 855^m, \qquad b = 684^m;$$
$$b = 213^m, \qquad c = 284^m.$$

2°. Résoudre un triangle, connaissant :

$$a = 347^m, \qquad B = 65°6', \qquad C = 74°24';$$
$$a = 128^m, \qquad B = 81^r,7, \qquad C = 70^r,9;$$
$$b = 35^m, \qquad c = 62^m, \qquad A = 72°10';$$
$$b = 73^m, \qquad c = 85^m, \qquad A = 108^r,6;$$
$$a = 125^m, \qquad b = 170^m, \qquad c = 185^m;$$
$$a = 325^m, \qquad b = 432^m, \qquad c = 575^m.$$

3°. Résoudre un triangle rectangle connaissant :
La hauteur $3^m,4$ et un angle aigu $54°15'$;
La projection 3^m d'un côté sur l'hypoténuse et l'angle correspondant $62^r,7$;
La projection $5^m,8$ d'un côté sur l'hypoténuse et la hauteur $8^m,6$;
La hauteur $2^m,8$ et l'hypoténuse $6^m,9$;
Un côté de l'angle droit $3^m,7$ et sa projection $2^m,5$ sur l'hypoténuse.

4°. Démontrer les relations

$$\frac{a}{\sin A} = \frac{b}{\sin B} = \frac{c}{\sin C} = 2R$$

R étant le rayon du cercle circonscrit au triangle.

5°. Démontrer que si r, r_a, r_b, r_c désignent les rayons des cer-

---

(1) Les exercices marqués d'un astérisque correspondent aux parties du texte imprimées en petits caractères, que l'on peut négliger sans inconvénient.

cles inscrit et exinscrits et p le demi-périmètre, on a
$$r = (p-a)\,\mathrm{tg}\,\frac{A}{2} = (p-b)\,\mathrm{tg}\,\frac{B}{2} = (p-c)\,\mathrm{tg}\,\frac{C}{2},$$
$$r_a = p\,\mathrm{tg}\,\frac{A}{2} = (p-b)\,\mathrm{cotg}\,\frac{C}{2},$$
$$r = \sqrt{\frac{(p-a)(p-b)(p-c)}{p}}, \qquad r_a = \sqrt{\frac{p(p-b)(p-c)}{p-a}}.$$

6°. Démontrer que la surface d'un triangle est donnée par une des formules
$$S = \frac{1}{2}\,bc\sin A = \frac{1}{2}\,a^2\,\frac{\sin B.\sin C}{\sin A} = \frac{abc}{4R},$$
$$S = pr = r_a(p-a) = \sqrt{p(p-a)(p-b)(p-c)}.$$

7°. Calculer les angles d'un triangle, connaissant ses côtés, au moyen des formules du n° 5.

8°. Démontrer que dans un triangle, on a
$$a = b\cos C + c\cos B.$$

9°. En déduire la relation
$$\sin(B+C) = \sin C\cos B + \sin B\cos C.$$

10°. Déduire de cette relation les valeurs de $\sin(B-C)$, $\cos(B+C)$, $\cos(B-C)$, $\mathrm{tg}(B+C)$, $\mathrm{tg}(B-C)$, $\sin 2B$, $\cos 2B$, $\mathrm{tg}\,2B$.

11°. Résoudre un triangle, connaissant :

$$
\begin{array}{lll}
a = 46^{\mathrm{m}}, & b = 51^{\mathrm{m}}, & A = 61° ;\\
a = 52^{\mathrm{m}}, & b = 35^{\mathrm{m}}, & A = 75^{\mathrm{r}},8 ;\\
a = 63^{\mathrm{m}}, & b = 6^{\mathrm{m}}, & A = 118°15' ;\\
h_a = 35^{\mathrm{m}}, & B = 50^{\mathrm{r}},8, & C = 72^{\mathrm{r}},6 ;\\
p = 152^{\mathrm{m}}, & B = 48°, & C = 72°10' ;\\
a = 6.^{\mathrm{m}}, & h_b = 42^{\mathrm{m}}, & A = 65°8' ;\\
a = 105^{\mathrm{m}}, & b.c = 3\,604^{\mathrm{m}2}, & A = 34^{\mathrm{r}}.
\end{array}
$$

CHAPITRE VI

LES AIRES

———

317. Définition. — Si l'on trace dans un plan un polygone convexe ou une courbe fermée qui ne se coupe pas,
ces contours limitent une certaine portion du plan ; cette
portion peut être plus ou moins étendue ; on dit alors que
son *aire* est plus ou moins grande ; mais ce n'est là qu'une
notion confuse, d'autant plus que l'on ne peut pas toujours
décider, à la simple inspection des figures, quelle est celle
qui a la plus grande aire.

Pour effectuer la comparaison de deux **aires**, il est commode de les mesurer à l'aide des nombres, comme nous
l'avons déjà fait pour les longueurs et pour les angles.
Nous choisirons à cet effet une *unité d'aire* à laquelle nous
rapporterons toutes les autres ; ce sera, sauf indication
contraire, *l'aire du carré construit sur l'unité de longueur ;*
par exemple, si l'unité de longueur est le *mètre*, l'unité
d'aire sera le *mètre carré*.

Deux figures égales pouvant être amenées à coïncider
ont même aire ; mais il peut arriver que deux figures
aient même aire sans être égales ; on dit alors qu'elles sont
équivalentes.

Considérons, par exemple, un carré ABCD et menons
par le milieu E du côté AD une parallèle à DC ; nous par-

tageons ce carré en deux rectangles égaux, que nous pouvons placer bout à bout de façon à former le rectangle

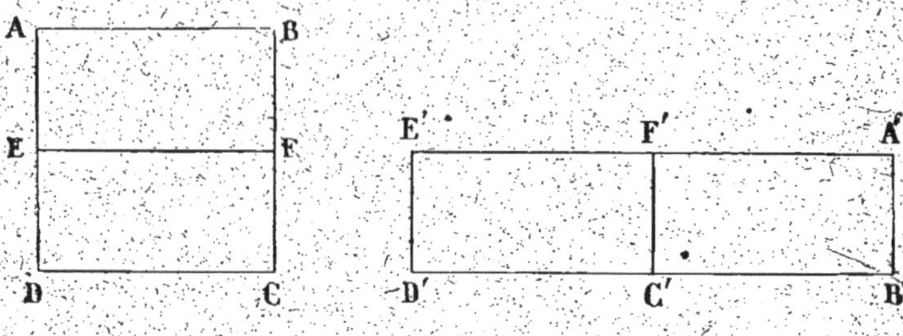

Fig. 275.

E'A'B'D' (*fig.* 275) qui est manifestement équivalent au
carré donné sans lui être égal.

318. Aire d'un rectangle. — *Le nombre qui mesure
l'aire d'un rectangle est égal au produit des nombres qui
mesurent les côtés.*

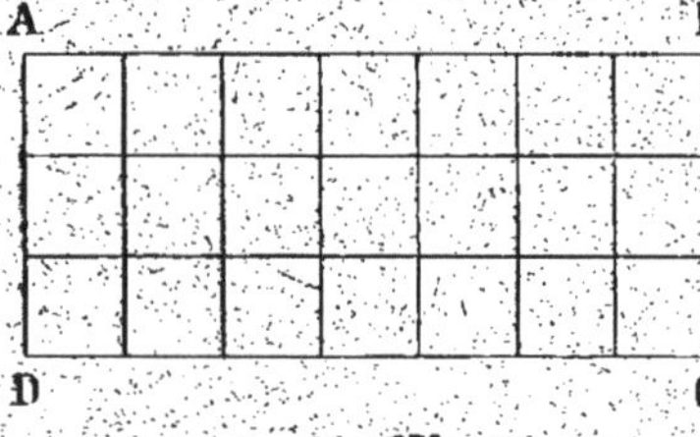

Fig. 276.

1° Nous supposerons
d'abord que les côtés
contiennent des nombres
entiers de mètres ; soit
$AB = 7^m$, $AD = 3^m$.

Partageons AB en 7
parties égales et AD en 3 parties égales, puis par les points
de division menons des parallèles aux côtés du rectangle ;
nous décomposons ce dernier (*fig.* 276) en carrés qui ont
tous 1 mètre de côté ; chaque bande parallèle à AB contient 7 carrés et le nombre des bandes est 3 ; il y a donc
en tout 7×3 carrés ; le rectangle a une aire égale à
7×3 mètres carrés.

2° Supposons que les côtés soient représentés par des fractions $\frac{7}{5}$ et $\frac{3}{2}$. Partageons encore AB en 7 parties égales et AD en 3 parties égales, et par les points de division menons des parallèles aux côtés du rectangle ; nous le partagerons encore en 7×3 rectangles qui auront pour côtés $\frac{1}{5}$ et $\frac{1}{2}$ de mètre. Construisons alors le mètre

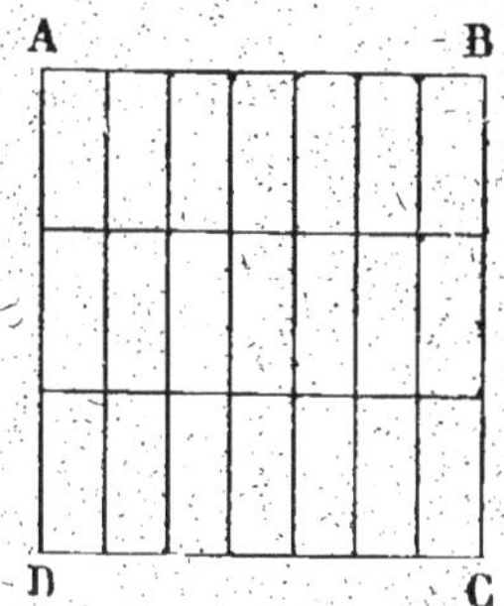
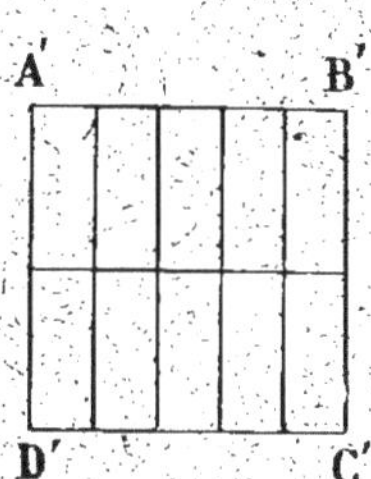

Fig. 277.

carré A'B'C'D' (*fig.* 277) et partageons le côté A'B' en 5 parties égales, le côté A'D' en 2 parties égales ; si, par les points de division, on mène des parallèles aux côtés, on décompose le carré en 5×2 parties égales qui sont des rectangles égaux aux précédents.

Il en résulte que le rectangle ABCD et le carré A'B'C'D' ont une partie aliquote commune contenue 7×3 fois dans le rectangle et 5×2 fois dans le carré unité ; l'aire du rectangle est donc représentée par la fraction $\frac{7 \times 3}{5 \times 2}$, produit des fractions $\frac{7}{5}$ et $\frac{3}{2}$ qui mesurent les côtés.

319. Aire d'un carré. — *Le nombre qui mesure l'aire d'un carré est égal au carré du nombre qui mesure son côté.*

Ceci résulte du théorème précédent puisque les deux côtés du carré sont égaux.

REMARQUE I. — On appelle quelquefois *dimensions* d'un rectangle les longueurs de ses côtés ; le plus grand côté est appelé la *longueur*, le plus petit côté la *largeur* ou la *hauteur* du rectangle.

REMARQUE II. — Pour appliquer le théorème précédent, il faut avoir soin de se rappeler qu'il suppose essentiellement que les deux dimensions sont mesurées à l'aide de la même unité de longueur et que l'unité d'aire est le carré construit sur cette unité.

Exemples. — I. *Trouver en mètres carrés l'aire d'un rectangle dont les dimensions sont* 3^{dam} *et* 8^{dm}.

Évaluons d'abord les dimensions en mètres : ce seront 30^m et $0^m,8$; l'aire sera mesurée par $30 \times 0,8 = 24^{m^2}$.

II. — *Trouver en décimètres carrés l'aire d'un rectangle dont les dimensions sont* 3^m *et* 5^{cm}.

Ici, on pourrait chercher l'aire en mètres carrés et en déduire sa valeur en décimètres carrés ; mais, il est plus simple de remarquer que le théorème précédent subsiste si l'on prend pour unité de longueur le décimètre et pour unité d'aire le décimètre carré ; les dimensions évaluées en décimètres sont 30 et 0,5 ; l'aire sera $30 \times 0,5 = 15^{dm^2}$.

III. — *Trouver en ares l'aire d'un champ rectangulaire de* 30^m *de longueur et* 12^m *de largeur.*

L'aire, exprimée en mètres carrés, est $30 \times 12 = 360^{m^2}$ ou 3 ares 60 centiares.

Remarque. — Si l'on désigne par a, b et a', b' les dimensions de deux rectangles, par A, A' leurs aires, on a, dans les conditions précisées plus haut,

$$A = ab, \qquad A' = a'b',$$

$$\frac{A}{A'} = \frac{ab}{a'b'}.$$

Dans le cas particulier où les rectangles ont une dimension commune $a = a'$, on peut écrire

$$\frac{A}{A'} = \frac{ab}{ab'} = \frac{b}{b'},$$

ce qui donne la proposition suivante :

Le rapport des aires de deux rectangles qui ont une dimension commune est égal au rapport des deux autres dimensions.

320. Aire d'un parallélogramme. — *Le nombre qui mesure l'aire d'un parallélogramme est égal au produit des nombres qui mesurent sa base et sa hauteur.*

On appelle *base* d'un parallélogramme un côté de ce parallélogramme, *hauteur* la distance de ce côté au côté parallèle ; on a aisément cette hauteur en abaissant d'un sommet une perpendiculaire sur la base.

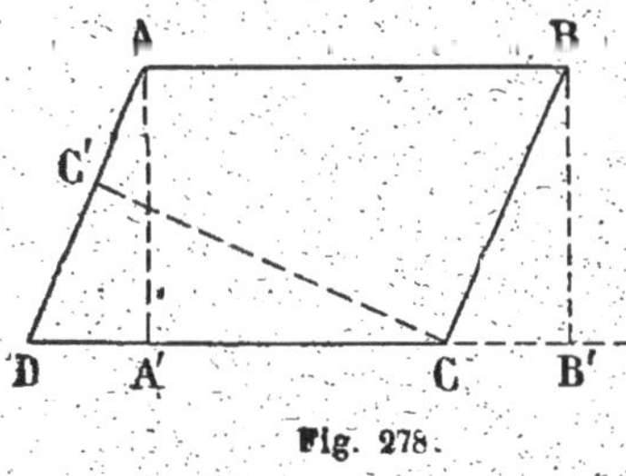

Fig. 278.

Si des points A et B (*fig.* 278), on abaisse des perpendiculaires sur la base CD du parallélogramme ABCD, on forme deux triangles rectangles ADA', BCB' égaux (ils ont les hypoténuses égales comme côtés opposés d'un parallélogramme et les côtés

AA', BB' égaux comme côtés opposés d'un rectangle).

Si on retranche du parallélogramme l'aire AA'D et qu'on lui ajoute l'aire BCB', on obtient le rectangle équivalent ABB'A', dont l'aire est mesurée par le produit des nombres qui mesurent AB, base du parallélogramme, et AA', hauteur du parallélogramme.

REMARQUE. — Si l'on prend pour base AD, la hauteur est la distance du point C à AD, et l'aire est AD $\times$ CC'; on a donc

$$DC \times AA' = AD \times CC',$$

ou

$$\frac{DC}{AD} = \frac{CC'}{AA'},$$

ce qui fournit le théorème suivant :

Dans un parallélogramme, les distances des côtés parallèles sont inversement proportionnelles à ces côtés (1).

321. Aire d'un triangle. — *Le nombre qui mesure l'aire d'un triangle est égal à la moitié du produit des nombres qui mesurent la base et la hauteur.*

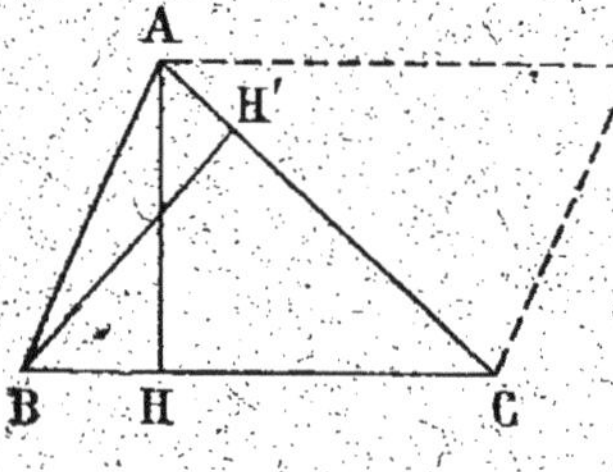

Fig. 279.

On appelle *base* un côté du triangle et *hauteur* la distance du sommet à la base.

Soit ABC un triangle de base BC et de hauteur AH (*fig. 279*); si par les points A et C,

----

(1) Il s'agit ici des nombres qui mesurent ces longueurs ; dorénavant, nous dirons côté pour nombre qui mesure le côté, afin d'abréger le langage ; l'expression est incorrecte, mais elle est généralement admise.

on mène des parallèles aux côtés BC et BA, on forme un parallélogramme ABCA' et ce parallélogramme est partagé par la diagonale AC en deux triangles égaux, de telle sorte que le triangle donné est la moitié du parallélogramme ; son aire est donc

$$\frac{1}{2}\, BC \times AH.$$

REMARQUE. — On peut prendre pour base du triangle un autre côté, AC par exemple ; la hauteur sera alors BH' et l'aire sera égale à $\frac{1}{2}\, AC \times BH'$; on en conclut l'égalité

$$BC \times AH = AC \times BH',$$

ou

$$\frac{BC}{AC} = \frac{BH'}{AH} ;$$

dans un triangle les hauteurs sont inversement proportionnelles aux bases.

Corollaire. — *Si un triangle a une base fixe et si son sommet se déplace sur une parallèle à cette base, l'aire du triangle est constante.*

En effet, la hauteur qui est la distance du sommet à la base conserve constamment la même valeur et il en est de même de l'aire.

322. Aire d'un trapèze. — *Le nombre qui mesure l'aire d'un trapèze est égal au produit des nombres qui mesurent la demi-somme des bases et la hauteur.*

On appelle *hauteur* d'un trapèze la distance des bases. Si l'on trace la diagonale BD du trapèze ABCD (*fig.* 280),

on le décompose en deux triangles ABD, BCD qui ont
pour hauteur la hauteur du trapèze et pour bases respectives les bases AB et DC du trapèze ; l'aire est alors

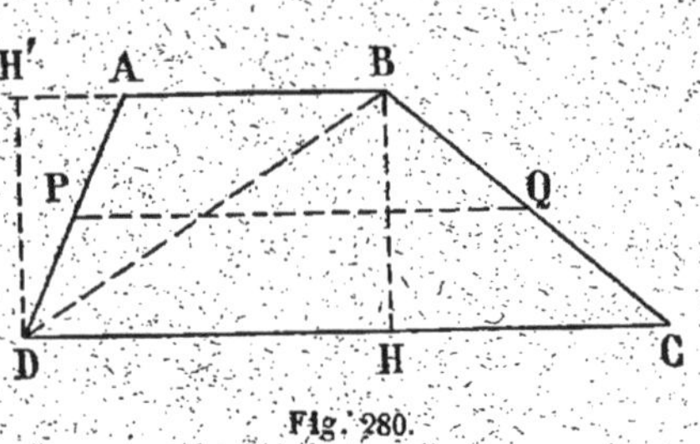

Fig. 280.

$$\frac{1}{2}\,AB \times DH'$$

$$+ \frac{1}{2}\,DC \times BH,$$

ou, en posant $DH' = BH = h$,

$$\frac{1}{2}\,h(AB + DC).$$

Remarque. — Nous avons vu (123) que la droite PQ, qui
joint les milieux des côtés non parallèles AD, BC, était
égale à la demi-somme des bases ; on peut donc dire que
l'aire est le produit de cette droite par la hauteur.

323. Aire d'un polygone convexe. — Pour évaluer l'aire
d'un polygone convexe, un moyen
simple consiste à le décomposer
en triangles en joignant ses sommets à l'un d'eux ou à un point
intérieur et à faire la somme des
aires de ces triangles ; c'est le
procédé qui vient d'être employé
pour le trapèze ; appliquons-le au
losange.

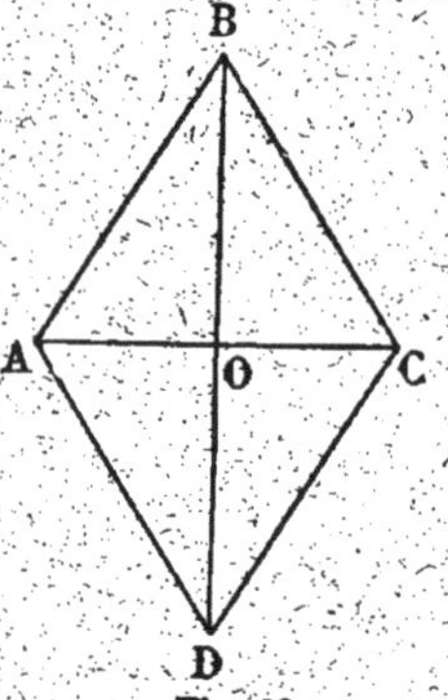

Fig. 281.

On peut considérer un losange
comme formé de deux triangles
égaux déterminés par une diagonale (*fig.* 281) ; on aura

$$ABCD = ABC + ADC.$$

Ces deux triangles ont pour aire $\frac{1}{2}$ AC $\times$ BO et le losange a pour aire AC $\times$ BO, ou, BO étant la moitié de BD, $\frac{1}{2}$ AC $\times$ BD ; donc,

L'aire d'un losange est mesurée par la moitié du produit des nombres qui mesurent les diagonales.

Considérons, comme autre exemple, un polygone circonscrit à un cercle (*fig.* 282). Joignons le centre O aux sommets ; nous aurons

ABCDE $=$ OAB $+$ OBC

$+$ OCD $+$ ODE $+$ OEA.

Les différents triangles ont pour bases les côtés du polygone et leur hauteur commune est le rayon du cercle, de telle sorte que l'aire cherchée est

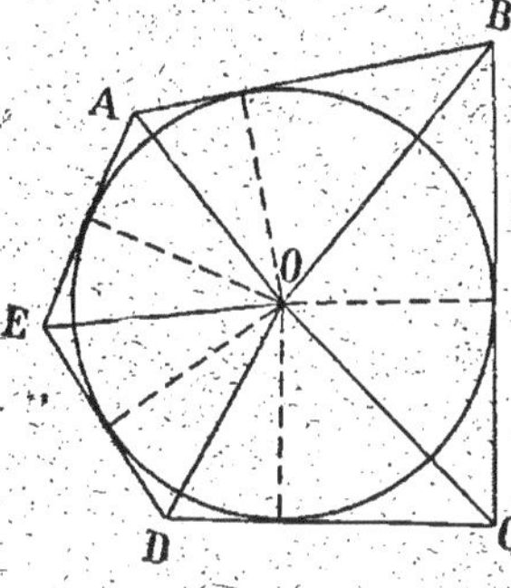

Fig. 282.

$$\frac{1}{2} \text{ AB} \times r + \frac{1}{2} \text{ BC} \times r + \frac{1}{2} \text{ CD} \times r$$

$$+ \frac{1}{2} \text{ DE} \times r + \frac{1}{2} \text{ EA} \times r,$$

ou

$$\frac{1}{2} r(\text{AB} + \text{BC} + \text{CD} + \text{DE} + \text{EA}) = pr,$$

en désignant par $2p$ le périmètre ; donc,

L'aire d'un polygone circonscrit à un cercle est mesurée par le produit des nombres qui mesurent le rayon et le demi-périmètre.

324. Les procédés que nous venons d'indiquer ne sont pas les seuls qui puissent être employés; on peut encore décomposer le polygone en triangles, parallélogrammes, trapèzes, ou même, si on ne peut évaluer les lignes tracées à l'intérieur, utiliser des figures extérieures au polygone; ceci servira à mesurer l'aire d'un étang ou d'un bois dans lequel on ne peut pénétrer. Supposons, par exemple, que l'on ait déterminé les sommets A, B, C, D, E d'un polygone par abscisses et par ordonnées, ce polygone pouvant d'ailleurs, comme ici, ne pas être convexe. Soient $Aa = 17^m$, $Bb = 10^m$, $Cc = 15^m$, $Dd = 9^m$, $Ee = 35^m$, $ab = 9^m$, $bc = 11^m$, $cd = 12^m$, $de = 9^m$ (*fig.* 283). L'aire cherchée est la somme des trapèzes AE*ea*, E*ed*D diminuée des trapèzes AB*ba*, BC*cb* CD*dc*, dont on connaît les bases et les hauteurs

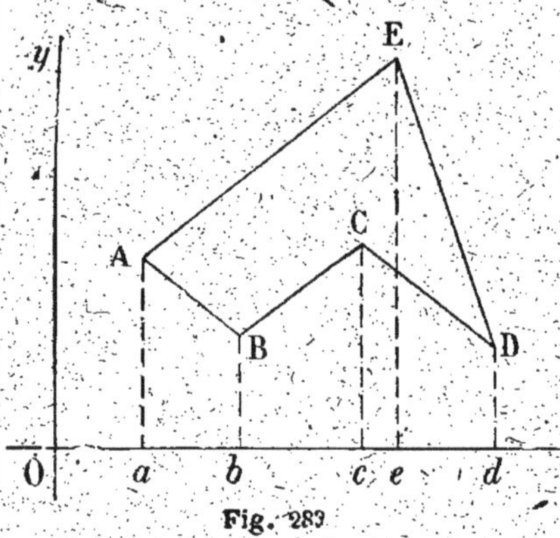

Fig. 283

$$AEea = \frac{17 + 35}{2} \times ae = \frac{17 + 35}{2} (ab + bc + cd - ed)$$

$$= \frac{17 + 35}{2} (9 + 11 + 12 - 9) = 598,$$

$$EDde = \frac{35 + 9}{2} \times 9 = 198,$$

$$ABba = \frac{17 + 10}{2} \times 9 = 121,5,$$

$$BCbc = \frac{10+15}{2} \times 11 = 137{,}5,$$

$$CDdc = \frac{15+9}{2} \times 12 = 144.$$

L'aire est donc

$$(598+198)-(121{,}5+137{,}5+144) = 393^{m2}.$$

Aire du cercle.

325. Théorème I. — *L'aire d'un polygone régulier est mesurée par le produit des nombres qui mesurent son apothème et son demi-périmètre.*

Nous savons, en effet, qu'un polygone régulier est circonscrit à un cercle dont le rayon est l'apothème du polygone et le théorème actuel n'est qu'un cas particulier de la proposition établie au n° 323.

326. Théorème II. — *L'aire d'un cercle est mesurée par le produit des nombres qui mesurent son rayon et sa demi-circonférence.*

Considérons un cercle et circonscrivons lui un polygone régulier, par exemple, ABCDEF (*fig.* 284) ; l'aire du cercle sera inférieure à celle du polygone.

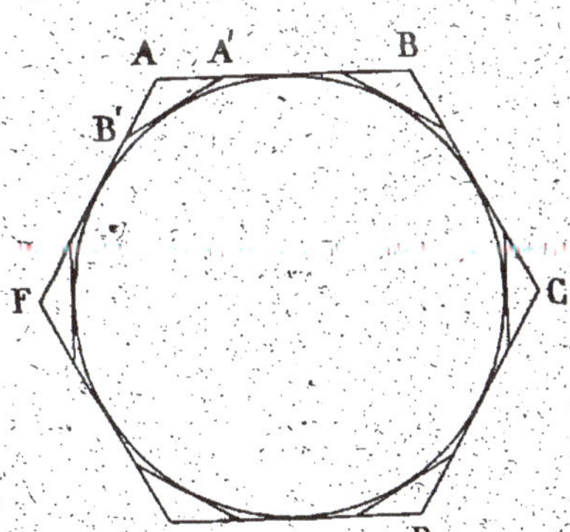

Fig. 284.

Si aux milieux des arcs limités aux points de contact des côtés du polygone et du cercle, on mène les tangentes, on forme un nouveau polygone circonscrit ; son périmètre est plus petit que celui du premier, car on remplace les lignes brisées B'AA' par les lignes droites B'A' ; son aire sera plus petite que celle du premier, car on a retranché de celle-ci les triangles tels que B'AA' ; les périmètres et les aires de ces polygones vont en diminuant et diffèrent de moins en moins de la circonférence et de l'aire du cercle.

Si P est le périmètre d'un tel polygone, r étant toujours son apothème, son aire sera $\frac{1}{2}$ Pr et la limite deviendra $\frac{1}{2}$ Cr, C étant la circonférence du cercle.

Nous avons vu que le nombre C était égal à $2\pi r$, l'aire du cercle est donc πr^2, autrement dit, on obtient l'aire d'un cercle *en multipliant le nombre π par le carré du rayon.*

Corollaire. — Considérons deux cercles de rayons r et r' ; leurs aires A et A' sont πr^2 et $\pi r'^2$; on a donc

$$\frac{A}{A'} = \frac{\pi r^2}{\pi r'^2} = \frac{r^2}{r'^2}.$$

Les aires de deux cercles sont proportionnelles aux carrés des rayons.

327. Aire du secteur circulaire. — On appelle *secteur circulaire* la portion de plan limitée à un arc de cercle et aux deux rayons qui aboutissent à ses extrémités.

Soit OAB un secteur circulaire (*fig.* 285) ; si l'on mène les

tangentes en A et B, on forme un secteur polygonal OACB
dont l'aire est plus grande que celle du secteur ; menons
la tangente au milieu de l'arc AB, le nouveau secteur
OAA'B'B a une aire qui se rapproche de celle du secteur
circulaire, et, en continuant ainsi, on forme des secteurs
dont les aires et les longueurs diffèrent de moins en moins
de l'aire et de l'arc du secteur
circulaire. Or, tous ces secteurs
polygonaux sont formés de
triangles rectangles dont la
hauteur, qui en est un côté,
est toujours le rayon r ; leurs
aires sont alors les produits
$\frac{1}{2}Pr$, P étant la longueur de
la ligne brisée AA'B'B ; P a

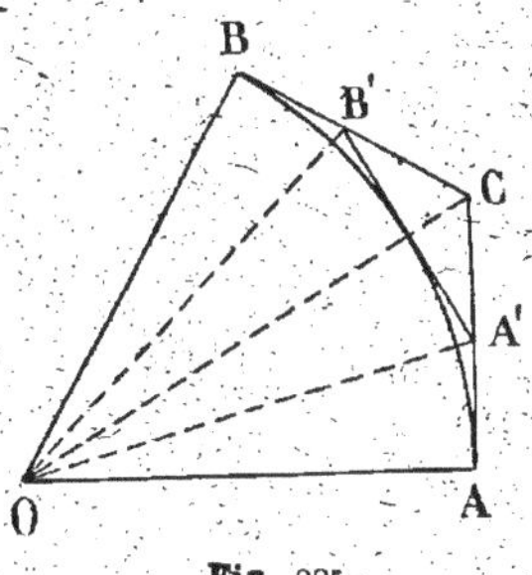

Fig. 285.

pour limite l'arc AB et r reste fixe ; on en conclut que
l'aire du secteur circulaire est $\frac{1}{2}$ arc $AB \times r$.

Si ω est le nombre de degrés de l'arc, on a $AB = \dfrac{\omega}{180} \times \pi r$

et l'aire $A = \dfrac{\omega}{360} \times \pi r^2$.

On en conclut que l'aire d'un secteur circulaire est proportionnelle à la mesure de l'arc.

Exemple. — *Trouver l'aire d'un secteur circulaire de 5°*
dans un cercle de rayon 2^m.

L'aire du cercle est, en mètres carrés,

$$\pi r^2 = 4 \times 3,14 = 12^{mq},56.$$

L'aire du secteur circulaire sera

$$12,56 \times \frac{5}{360} = 0^{\text{m}^2},1744.$$

328. Aire du segment circulaire. — On appelle *segment circulaire* la portion de plan comprise entre un arc et sa corde (*fig.* 286).

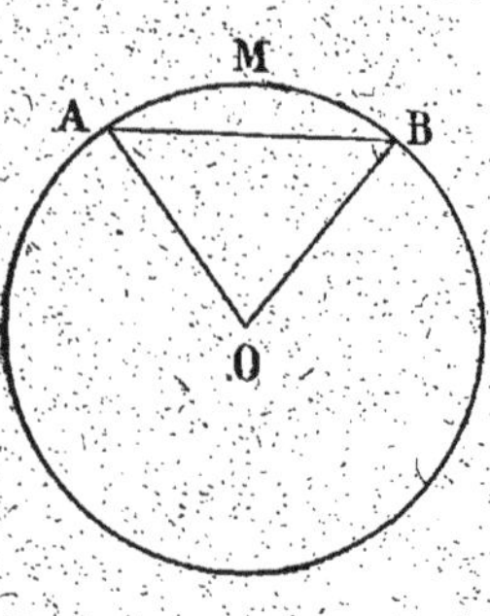

Fig. 286.

Si l'on joint les extrémités de l'arc au centre du cercle, on voit que l'aire du segment de cercle est égale à la différence entre l'aire du secteur circulaire OAMB et l'aire du triangle OAB.

Exercices numériques.

1. Trouver en centimètres le côté d'un carré dont l'aire est de 12$^{\text{dm}^2}$, 25.

2. Calculer en ares l'aire d'un rectangle de côtés 2^{dam},5 et 35^{m}.

3. Un parallélogramme ABCD a pour base AD = 3^{m} ; le côté AB est égal à 1^{dm} ; calculer son aire sachant que l'angle A est égal à 30° ; calculer la distance des côtés AB et DC.

4. L'aire d'un rectangle est 1^{a},025 ; un côté a pour longueur 3^{dm}, 7 ; quel est l'autre côté ?

5. L'aire d'un rectangle est 126^{a},75 ; trouver ses côtés, sachant que la longueur est triple de la largeur.

6. Un triangle a pour base 3^{m}, 75 et pour hauteur 2^{m},16 ; quelle est la hauteur d'un parallélogramme équivalent, sachant que sa base est 1^{m},8 ?

7. L'aire d'un losange est de 300$^{\text{m}^2}$, 05 ; une diagonale a pour longueur 0^{m},15 ; calculer l'autre diagonale.

8. L'aire d'un losange est 18^{m2},9 ; son côté est 3,5 ; calculer le rayon du cercle inscrit.

9. Un trapèze a pour aire 4^{m2}, 65 ; sa hauteur est 1^m,5 ; calculer ses bases, sachant que leur différence est égale à 0^m,8.

10. Dans un quadrilatère, les deux diagonales sont rectangulaires et ont pour longueurs 3^{cm},17 et 5^{cm},8 ; trouver l'aire en mètres carrés.

11. La circonférence d'un cercle a pour longueur 6^m, 594 ; trouver son aire.

12. L'aire d'un cercle est 379^{m2},94 ; trouver la longueur de sa circonférence.

13. Un secteur circulaire de rayon 1^m,2 a pour aire 56^{dm2},52 ; calculer l'arc en degrés.

14. Le rayon du cercle circonscrit à un triangle équilatéral est 4^m,6 ; trouver l'aire de ce cercle et celle du cercle inscrit.

15. Sur un terrain de forme rectangulaire de côtés 80^m et 25^m, on a tracé une allée transversale de 1^m,20 de côté parallèlement à la longueur et deux autres allées perpendiculaires à la première et de largeur 0^m,90 ; quelle est, en ares, la partie cultivable?

16. Une salle a 5^m,40 de longueur, 4^m,80 de largeur et 3^m de hauteur ; les plinthes ont 0^m,30 de hauteur ; on tapisse cette pièce avec du papier peint uni ; le prix du rouleau, pose comprise, est 2^{fr}, 30 ; quel est le prix de revient, sachant que la longueur du rouleau est 10^m et que sa largeur est 0^m,60? On comptera comme posé tout rouleau entamé, et on supposera que les murs soient percés d'une porte de 2^m de hauteur sur 1^m,20 de largeur et de deux fenêtres situées au-dessus des plinthes et de dimensions 1^m,80 et 1^m,20.

17. Un tapis rectangulaire a 4^m,80 de longueur et 3^m,60 de largeur ; on veut le doubler avec une étoffe dont la largeur est 0^m,90 ; quel sera le prix de cette doublure, si le mètre courant vaut 3^{fr},50, sachant que l'on ne vend cette doublure que par nombre entier de mètres? dans quel sens faut-il doubler le tapis pour n'avoir à couper la doublure que dans le sens de la longueur?

18. Un champ a la forme d'un quadrilatère ABCD ; les coordonnées des sommets exprimées en mètres sont 0, 10 ; 5, 80 ; 45, 70 ; 60, 20 ; ce terrain est évalué 125^{fr} l'are ; quel est le prix du champ ?

CHAPITRE VII

NOTIONS ÉLÉMENTAIRES SUR LA SYMÉTRIE

Symétrie par rapport à un point.

329. Définitions. — Deux points A et A′ sont dits *symétriques* par rapport à un point O si le point O est le milieu de la droite AA′.

Etant donnée une figure F, on peut construire les symétriques de tous ses points par rapport à un point O ; on obtient ainsi une nouvelle figure F′ qui est appelée la *figure symétrique* de F par rapport au point O. Il est évident que, si on cherche la figure symétrique de F′ par rapport à O, on retrouve la figure F. En effet, un point A′ de F′ est le symétrique d'un point A de F ; si donc, on cherche les symétriques des points A′, on retrouve les points A, c'est-à-dire que l'on reconstitue la figure F.

Une figure admet un *centre de symétrie* O, si tous ses points sont deux à deux symétriques par rapport à ce point O ; par exemple, un cercle a pour centre de symétrie le centre de ce cercle ; un parallélogramme a pour centre de symétrie le point de rencontre des diagonales.

Quand une figure a un centre de symétrie, elle coïncide avec sa figure symétrique par rapport à ce centre.

330. Théorème I. — *Deux figures F′ et F″ symétriques d'une figure F par rapport à deux points O′ et O″ sont éga-*

les et on peut passer de l'une à l'autre par translation.

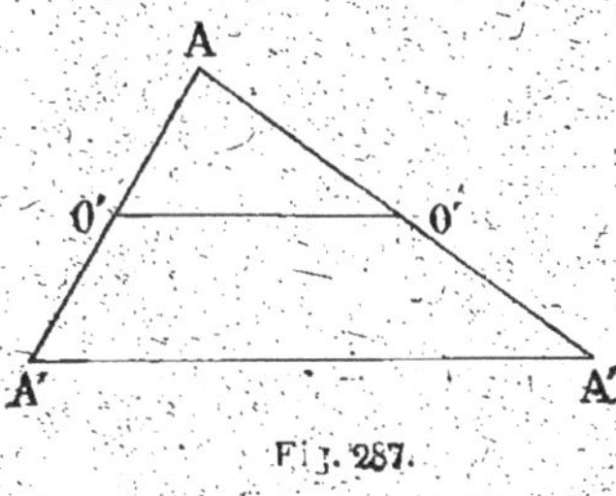

Fig. 287.

Soient A un point de la figure F (*fig.* 287), A' et A" les points homologues des figures F' et F" ; A' étant symétrique de A par rapport à O' et A" étant symétrique de A par rapport à O", la droite O'O" joint les milieux des côtés du triangle AA'A" ; elle est parallèle à A'A" et égale à sa moitié ou encore $\overline{A'A''}$ est un vecteur parallèle à $\overline{O'O''}$, de même sens et de longueur double. Si on fait subir à F' une translation représentée par le vecteur $2\overline{O'O''}$, le point A' viendra en A" et, d'une façon générale, tous les points de F' viendront coïncider avec des points de F" ; les figures F' et F" sont donc égales.

REMARQUE. — Il résulte de ce théorème que, pour étudier les figures symétriques d'une figure F, on peut prendre *un centre de symétrie arbitraire*, puisque si l'on change ce centre, on obtient toujours une figure égale à celle qui correspond à tout autre centre.

331. **Théorème II.** — *Deux figures* PLANES *symétriques par rapport à un point O sont égales.*

Soient F et F" ces figures ; nous pouvons considérer un point O' *dans le plan* de F et prendre la symétrique F' de F par rapport à O' ; elle sera égale à F" ; il suffira donc de démontrer l'égalité des figures F et F".

Or, les points homologues A et A" de F et F" sont symétriques par rapport à O' (*fig.* 288) et une rotation de

2 droits autour du point O' amène A en A″; elle amène de même tout point de F à coïncider avec son homologue de F″. Les figures F et F″ sont donc égales ; il en est de même de F et F′.

Remarque. — On fera coïncider F et F′ en amenant d'abord F sur F″ par une rotation, puis sur F′ par une translation.

Fig. 288.

332. Théorème III. — *Deux figures* NON PLANES *symétriques par rapport à un point* O *ne sont pas, en général, égales.*

Prenons, par exemple, une pyramide SABCD, dont la base est un rectangle ABCD et dont l'arête SD est perpendiculaire au plan de base. Nous obtenons la figure symétrique par rapport à S en prolongeant les arêtes SA, SB, SC, SD (*fig.* 289) de quantités égales SA′, SB′, SC′, SD′ ; c'est la pyramide SA′B′C′D′. A la base ABCD correspond la base symétrique A′B′C′D′ ; c'est un rectangle dont les côtés sont parallèles et égaux à ceux de ABCD ; l'arête SD′, prolongement de SD, est perpendiculaire au plan ABCD et, par suite, au plan A′B′C′D′ parallèle au premier.

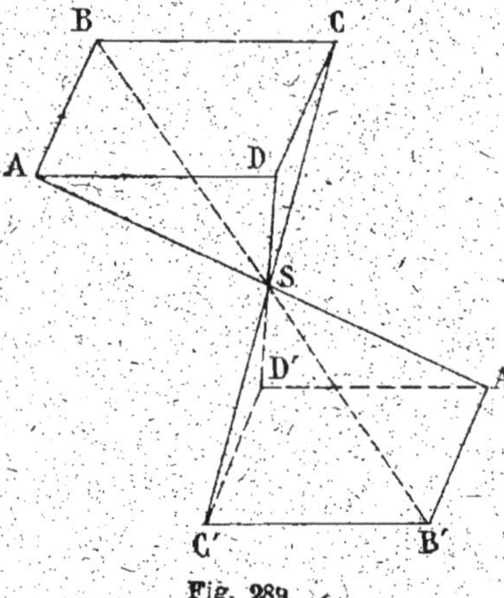
Fig. 289.

On ne pourra évidemment faire coïncider les deux pyramides qu'en faisant coïncider les bases ; de plus, comme
SD et SD' sont seules perpendiculaires aux bases, il faudra
placer D sur D' et, par suite, C sur C', B sur B', A sur A'.

Les deux rectangles ayant la même orientation, la coïncidence ne pourra être obtenue qu'en faisant glisser le
plan de l'un sur l'autre ; mais, alors S est pour la première pyramide au-dessous de la base ; il est pour la seconde
au-dessus de la base, de sorte que les sommets ne peuvent coïncider ; il en est de même des pyramides.

Remarque I. — Il est manifeste que les arêtes de ces
pyramides sont égales deux à deux, que leurs angles plans
sont égaux deux à deux, que leurs angles dièdres sont
égaux deux à deux ; néanmoins, les pyramides ne sont pas
égales.

Il y a là un fait nouveau, qui ne se présentait pas en
géométrie plane : deux corps peuvent avoir tous leurs éléments plans et leurs dièdres homologues égaux sans qu'on
puisse les faire coïncider ; mais, alors on peut faire coïncider l'un d'eux avec le symétrique de l'autre par rapport
à un point.

Remarque II. — Nous avons montré que deux figures
de l'espace symétriques par rapport à un point pouvaient
ne pas être égales ; il en est ainsi dans le cas général ;
mais, il peut arriver que les figures soient égales ; ainsi,
deux sphères symétriques sont égales ; plus généralement,
si une figure a un centre de symétrie O, elle est égale à
toute figure symétrique par rapport à un point quelconque,
puisqu'elle coïncide avec sa symétrique par rapport
à O.

Symétrie par rapport à un plan.

333. Définitions. — Deux points A et A' sont dits *symétriques* par rapport à un plan si ce plan est perpendiculaire au milieu de la droite AA'.

Étant donnée une figure F, si on construit les symétriques de tous ses points par rapport à un plan, on obtient une nouvelle figure F', qui est appelée la *figure symétrique* de F par rapport au plan. On voit comme précédemment que si on cherche la figure symétrique de F' par rapport au même plan, on retrouve F.

Une figure admet un *plan de symétrie* si tous ses points sont deux à deux symétriques par rapport à ce plan ; par exemple, tout plan qui passe par le centre d'une sphère est un plan de symétrie, tout plan mené par le diamètre d'un cercle perpendiculairement au plan du cercle est un plan de symétrie pour le cercle ; un plan mené par le centre d'un cube parallèlement à une face est un plan de symétrie pour le cube.

Quand une figure a un plan de symétrie, elle coïncide avec sa symétrique par rapport à ce plan.

L'étude de la symétrie par rapport à un plan se ramène à celle de la symétrie par rapport à un point à l'aide du théorème suivant :

334. Théorème. — *Si une figure F' est symétrique d'une figure F par rapport à un plan, elle est égale à la symétrique de F par rapport à un point.*

Nous savons que toutes les figures symétriques de F par rapport à différents points sont égales ; nous pouvons donc choisir ce point arbitrairement ; prenons-le en O dans le plan par rapport auquel on prend la symétrique de F.

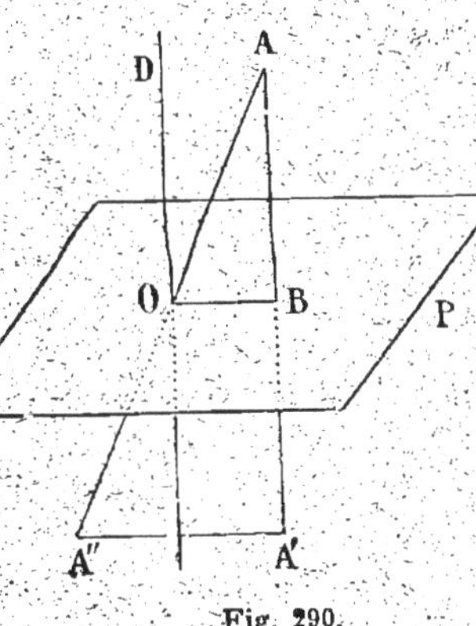

Fig. 290.

Soient A un point de E, A' et A″ ses symétriques par rapport au plan P et au point O (*fig.* 290). AA' rencontre P en un point B et $\overline{A''A'}$ est un vecteur parallèle à $\overline{OB}$, de même sens et de longueur double, puisque O et B sont les milieux des côtés AA″, AA' du triangle AA'A″.

La perpendiculaire OD au plan P est parallèle à AA'; elle rencontre A'A″ en son milieu et une rotation de 18° autour de OD amène A″ en A'; comme OD est fixe, tous les points de F″ coïncideront avec leurs homologues de F' après rotation; les figures F' et F″ sont égales.

335. Toutes les propriétés établies pour la symétrie par rapport à un point s'étendent à la symétrie par rapport à un plan; par exemple, deux figures symétriques d'une troisième sont toujours égales, que les symétries soient relatives à un point ou à un plan; deux figures symétriques par rapport à un plan ne sont pas égales en général.

On se rend compte de ce fait en observant une image dans une glace; cette image est symétrique de l'objet par rapport au plan de la glace; mais, ce qui est la gauche de l'objet a pour symétrique ce qui est la droite de l'image; on conçoit alors que la coïncidence de l'objet et de l'image soit impossible; dire qu'elle est possible revient à dire qu'on ne peut distinguer dans l'objet la droite de la gauche.

336. Théorème II. — *Deux figures symétriques sont équivalentes.*

Deux figures symétriques ont leurs éléments plans deux à deux égaux ; les aires sont donc les mêmes.

Pour établir l'égalité des volumes, prenons une pyramide et sa symétrique par rapport au plan de base ; nous aurons une nouvelle pyramide qui aura même base ABC que la première ; son sommet sera le symétrique S' du sommet S de la première ; les hauteurs sont alors égales ; ce sont les distances SO, S'O des sommets à la base et on sait que O est le milieu de SS' (*fig.* 291).

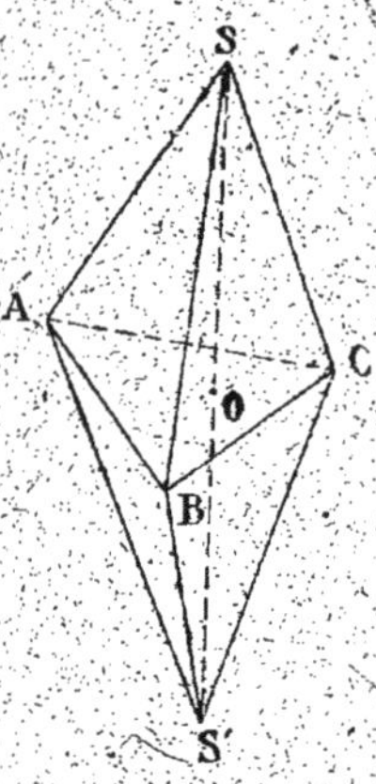

Fig. 291.

Il en résulte que les pyramides ont même volume.

Cette démonstration s'étend sans difficulté à tout autre corps, que l'on peut décomposer en pyramides ; il est d'ailleurs inutile que les bases de ces pyramides soient dans le plan de symétrie ; car, on peut remplacer la symétrique d'une pyramide par rapport à un plan quelconque par sa symétrique par rapport au plan de base, ces deux symétriques étant égales (335).

Symétrie par rapport à une droite.

337. Définitions. — Deux points A et A' sont dits *symétriques* par rapport à une droite D, si D est perpendiculaire au milieu de AA'.

Étant donnée une figure F, on peut construire les symétriques de tous ses points par rapport à une droite D ; on obtient ainsi une nouvelle figure F', qui est appelée la *figure symétrique* de F par rapport à D. On voit encore ici que, si l'on cherche la figure symétrique de F' par rapport à D, on retrouve la figure F.

Une figure admet un *axe de symétrie* si tous ses points sont deux à deux symétriques par rapport à cet axe ; par exemple, un diamètre d'un cercle ou d'une sphère est un axe de symétrie pour le cercle et pour la sphère ; l'axe d'un cylindre de révolution est un axe de symétrie ; la parallèle à une arête d'un cube, menée par le centre, est un axe de symétrie.

Quand une figure a un axe de symétrie, elle coïncide avec sa symétrique par rapport à cet axe.

338. Théorème. — *La figure symétrique d'une figure F par rapport à une droite est égale à F.*

Soient A et A' deux points symétriques par rapport à une droite D ; AA' est perpendiculaire à cette droite et son milieu O est sur D (*fig.* 292).

Si on fait tourner F de 2 droits autour de D, tous ses points décriront des demi-cercles ayant leurs centres sur D et dont les plans sont perpendiculaires à D ; A viendra donc en A' et F coïncidera avec F'.

Fig. 292.

REMARQUE. — Il importe de noter la différence entre cette symétrie et les précédentes ; celles-ci ne donnaient pas toujours des figures égales à la première, tandis que celle-là en donne toujours.

TABLE DES LIGNES TRIGONOMÉTRIQUES NATURELLES

(Les valeurs des lignes trigonométriques ont été calculées avec 4 décimales exactes ; quand le nombre est une valeur par excès, il est affecté d'un astérisque.)

1° *Division sexagésimale.*

Degrés	Sin.	Tang.	Cotang.	Cos.	
o	o	o	∞	1	90
1	0,0175*	0,0175*	57,2900	0,9998	89
2	0,0349*	0,0349	28,6367	0,9994	88
3	0,0523	0,0524	19,0809	0,9986	87
4	0,0698*	0,0699	14,3007	0,9976*	86
5	0,0872*	0,0875*	11,4301	0,9962*	85
6	0,1045	0,1051	9,5144	0,9945	84
7	0,1219*	0,1228*	8,1444	0,9926*	83
8	0,1392*	0,1405	7,1154	0,9903	82
9	0,1564	0,1584*	6,3138	0,9877	81
10	0,1736	0,1763	5,6712	0,9848	80
11	0,1908	0,1944*	5,1446*	0,9816	79
12	0,2079	0,2125	4,7047	0,9781	78
13	0,2250*	0,2309*	4,3315	0,9744*	77
14	0,2419	0,2493	4,0108	0,9703*	76
15	0,2588	0,2679	3,7321*	0,9659	75
16	0,2756	0,2867	3,4874*	0,9613	74
17	0,2924*	0,3057	3,2708	0,9563*	73
18	0,3090	0,3249	3,0776	0,9511*	72
19	0,3256*	0,3443	2,9042	0,9455	71
	Cos.	Cotang.	Tang.	Sin.	Degrés

Degrés	Sin.	Tang.	Cotang.	Cos.	
20	0,3420	0,3640*	2,7474	0,9397	70
21	0,3584*	0,3839*	2,6051*	0,9336*	69
22	0,3746	0,4040	2,4751*	0,9272	68
23	0,3907	0,4245*	2,3558	0,9205	67
24	0,4067	0,4452	2,2461*	0,9135	66
25	0,4226	0,4663	2,1445	0,9063	65
26	0,4384*	0,4877	2,0503	0,8988	64
27	0,4540*	0,5095	1,9626*	0,8910	63
28	0,4695*	0,5317	1,8807	0,8829	62
29	0,4848	0,5543	1,8040	0,8746	61
30	0,5000	0,5773	1,7320	0,8660	60
31	0,5150	0,6009*	1,6643	0,8572*	59
32	0,5299	0,6249*	1,6003	0,8480	58
33	0,5446	0,6494	1,5399*	0,8387*	57
34	0,5592*	0,6745	1,4826*	0,8290	56
35	0,5736*	0,7002	1,4281	0,8191	55
36	0,5878*	0,7265	1,3764*	0,8090	54
37	0,6018	0,7535	1,3271*	0,7986	53
38	0,6157*	0,7813*	1,2799	0,7880	52
39	0,6293	0,8098*	1,2349*	0,7771	51
40	0,6428*	0,8391	1,1918*	0,7660	50
41	0,6561*	0,8693*	1,1504*	0,7547	49
42	0,6691	0,9004	1,1106	0,7431	48
43	0,6820	0,9325	1,0724*	0,7314*	47
44	0,6947*	0,9657	1,0355	0,7193	46
45	0,7071	1	1	0,7071	45
	Cos.	Cotang.	Tang.	Sin.	Degrés

Grades	Sin.	Tang.	Cotang.	Cos.	
0	0	0	∞	1	100
1	0,0157	0,0157	63,6557	0,9999	99
2	0,0314	0,0314	31,8207	0,9995	98
3	0,0471	0,0472*	21,2050	0,9989	97
4	0,0628*	0,0629	15,8946	0,9980	96
5	0,0785*	0,0787	12,7063*	0,9969	95
6	0,0941	0,0954	10,5788	0,9956*	94
7	0,1097	0,1104	9,0580	0,9940*	93
8	0,1253	0,1263	7,9158	0,9921	92
9	0,1409	0,1423	7,0263	0,9900*	91
10	0,1564	0,1584*	6,3138	0,9877*	90
11	0,1719	0,1745	5,7299	0,9851	89
12	0,1874*	0,1908	5,2421	0,9823	88
13	0,2028	0,2071	4,8288	0,9792	87
14	0,2181	0,2235	4,4737	0,9759	86
15	0,2334	0,2401*	4,1653	0,9724*	85
16	0,2487*	0,2567	3,8947	0,9686	84
17	0,2639*	0,2736*	3,6553	0,9646*	83
18	0,2790*	0,2904*	3,4420	0,9603*	82
19	0,2940	0,3076	3,2506*	0,9558*	81
20	0,3090	0,3249	3,0776	0,9511*	80
21	0,3239	0,3424*	2,9208	0,9461*	79
22	0,3387	0,3600	2,7776	0,9409*	78
23	0,3535*	0,3779	2,6464	0,9354	77
24	0,3681	0,3959	2,5257	0,9298*	76
	Cos.	Cotang.	Tang.	Sin.	Grades

Grades	Sin.	Tang.	Cotang.	Cos.	
25	0,3827	0,4142	2,4142	0,9239	75
26	0,3971	0,4327	2,3108	0,9178*	74
27	0,4115	0,4515	2,2149*	0,9114	73
28	0,4258*	0,4706*	2,1251	0,9048	72
29	0,4399	0,4899*	2,0413*	0,8980	71
30	0,4540*	0,5095	1,9626*	0,8910	70
31	0,4679	0,5295*	1,8887*	0,8838*	69
32	0,4818*	0,5498*	1,8190	0,8763	68
33	0,4955*	0,5704*	1,7532	0,8686	67
34	0,5090	0,5914	1,6909	0,8607	66
35	0,5225	0,6128	1,6319*	0,8526	65
36	0,5358	0,6346	1,5757	0,8443	64
37	0,5490	0,6569	1,5224*	0,8358	63
38	0,5621*	0,6796	1,4715*	0,8271	62
39	0,5750	0,7028	1,4229*	0,8181	61
40	0,5878*	0,7265	1,3764*	0,8090	60
41	0,6004	0,7508	1,3319*	0,7997*	59
42	0,6129	0,7757	1,2892	0,7901	58
43	0,6252	0,8011	1,2482	0,7804	57
44	0,6374	0,8273*	1,2088*	0,7705	56
45	0,6494	0,8541*	1,1708	0,7604	55
46	0,6613	0,8816	1,1342	0,7501	54
47	0,6730	0,9099	1,0989	0,7396	53
48	0,6845	0,9390	1,0649	0,7290*	52
49	0,6959	0,9691*	1,0319	0,7181	51
50	0,7071	1	1	0,7071	50
	Cos.	Cotang.	Tang.	Sin.	Grades

TABLE DES MATIÈRES

GÉOMÉTRIE DANS L'ESPACE

PREMIÈRE PARTIE

DROITES ET PLANS

DEUXIÈME PARTIE

LES SOLIDES

CHARTRES. — IMPRIMERIE DURAND, RUE FULBERT. (10-1926).

www.ingramcontent.com/pod-product-compliance
Ingram Content Group UK Ltd.
Pitfield, Milton Keynes, MK11 3LW, UK
UKHW022025170726
13837UKWH00001B/401